C.H.BECK WISSEN

Wald ist für die meisten Inbegriff von Natur, Gegenwelt zur Zivilisation. Dieser Band setzt den vielen Mythen und Mutmaßungen über das einmalige Naturphänomen Wald eine anschauliche Darstellung seiner permanenten Entwicklung und Veränderung entgegen. Der Wald ist nicht Wildnis, aber er dient auch nicht nur ökonomischen Interessen und der Erholung: Gerade angesichts der Erderwärmung kommt einer nachhaltigen und langfristigen Waldwirtschaft wachsende Bedeutung zu. Der Wald hat nicht nur eine Geschichte, stets ist er auch ein Spiegel unseres Umgangs mit der Natur.

Hansjörg Küster ist Professor für Pflanzenökologie am Institut für Geobotanik der Leibniz Universität Hannover. Bei C.H.Beck ist zuletzt von ihm erschienen: *Deutsche Landschaften. Von Rügen bis zum Donautal* (2017).

Hansjörg Küster

DER WALD

Natur und Geschichte

C.H.Beck

Mit 18 Abbildungen

Originalausgabe

Satz: C.H.Beck.Media.Solutions, Nördlingen
Druck und Bindung: Druckerei C.H.Beck, Nördlingen
Reihengestaltung Umschlag: Uwe Göbel (Original 1995, mit Logo),
Marion Blomeyer (Überarbeitung 2018)
Umschlagabbildung: © Shutterstock
Printed in Germany
ISBN 978 3 406 73216 4

www.chbeck.de

Inhalt

Einleitung

«Der Wald steht schwarz und schweiget.» Mit diesen Worten beschrieb Matthias Claudius die Kulisse für das Geschehen der Nacht, den aufgehenden Mond, die steigenden Nebel. Aber der Wald ist keineswegs nur der Hintergrund, vor dem sich Natur und Kultur abspielen. Er ist Teil der natürlichen Dynamik. Wald ist nicht nur ein Inbegriff von Natur, sondern hat auch eine Geschichte. Jeder Baum wächst und stirbt ab, ein anderer Baum folgt ihm, vielleicht ein Baum von einer anderen Art. Dabei verändert der Wald sein Erscheinungsbild: Auch die Wälder der Erde sind einmal entstanden, und viele von ihnen sind auch wieder verschwunden, weil sich das Klima wandelte oder weil Kontinente sich langsam über die Erdoberfläche verschoben.

Ein Leben von Menschen auf der Erde ist ohne Wald nicht denkbar, und zwar nicht nur, weil sie aus ihm wichtige Ressourcen beziehen: Bauholz, Brennholz, Werkholz, auch Nahrung. Sondern Menschen gehen auch in den Wald, um eine andere Umwelt zu erleben als diejenige, in der sie jeden Tag leben und arbeiten. Wenige Menschen verdienen im Wald ihren Lebensunterhalt; manche beneiden sie darum.

Viele Ideen werden mit dem Wald verbunden. Märchen- und Fabelwesen sollen darin vorkommen, von denen man die einen schätzt, die anderen fürchtet. Ideen haben mit exakter Wissenschaft nichts zu tun, aber sie beeinflussen das Denken von Naturwissenschaftlern dennoch. Immer wieder setzen sie Wald mit angeblich konstanter Natur gleich und entwickeln Theorien zur Stabilität von Ökosystemen. Das sind Ideen, keine Tatsachen. Und verändert sich der Wald, so findet sich angeblich immer eine von außen einwirkende Ursache dafür, anstatt dass man zunächst einmal davon ausgeht, dass Wald sich von selbst verändert, weil er nämlich Natur ist, weil er eine Geschichte hat. Erst wenn man den Wandel des Ökosystems Wald nicht mehr allein als Ergebnis natürlicher Dynamik erklären kann, sollte man andere Ursachen dafür in Betracht ziehen, etwa den Klimawandel oder den Einfluss des Menschen.

Es ist mir wichtig, den Wald nicht so zu beschreiben, wie er ist, sondern wie er sich entwickelt. Viele Naturbeschreibungen können den Eindruck erwecken, als sei alles darin Dargestellte stabil, obwohl deren Verfasser dies eigentlich nicht intendieren. Dieser Eindruck darf nicht aufkommen: Wachstum und Absterben, Fressen und Gefressenwerden sind raschere Entwicklungen, Evolutionsprozesse dauern meistens sehr viel länger: Wichtig ist festzustellen, dass sich Natur bei alledem ändert, und das gilt selbstverständlich auch für einen Wald. Beständig sind nur die Ideen, die wir mit dem Wald verbinden. Ideen über den Wald sind wichtig für die Wissenschaft, und naturwissenschaftliche Tatsachen haben Bedeutung für alle, die den Wald als erhabene Schönheit sehen wollen. Beides zusammenzubringen, verbunden mit der Feststellung, dass sich alle für denselben Wald interessieren, ist eine wichtige Intention dieses Buches.

Ich bin meiner Mutter Ulla Küster dankbar dafür, dass sie die Texte dieses Buches gelesen hat, bevor ich sie an den Verlag schickte. Stefan Bollmann und Angelika von der Lahr danke ich wie nun schon so oft für die gute Begleitung des Manuskriptes vom Lektorat bis zur Drucklegung.

Grafenhausen im Hochschwarzwald, *Hansjörg Küster*
Herbst 2018

1. Was ist ein Wald?

Eine Antwort auf die Frage, was ein Wald ist, findet man im Deutschen Wörterbuch von Jacob und Wilhelm Grimm: «unter wald versteht man jetzt eine gröszere, dicht mit hochstämmigem holz, das aber mit niederholz untermischt sein kann, bestandene fläche. Wald unterscheidet sich von dem einen geringeren umfang habenden hain, wo die bäume auch weiter auseinanderzustehen pflegen (...), und dem aus niederholz bestehenden gebüsch.» Genauer kann Wald kaum definiert werden. Aber Wissenschaftler würden gerne exakter sein. Wie groß muss die von Bäumen bestandene Fläche sein, um als Wald zu gelten, wie hoch das «hochstämmige Holz»? Wo liegt der Unterschied zwischen Wald und Hain, wie weit stehen die Bäume in einem Hain und in einem Wald auseinander, und wie unterscheidet man den Wald von dem aus Niederholz bestehenden Gebüsch? Immer wieder wurde versucht, das zu präzisieren, etwa dadurch, dass man die Mindesthöhe der Bäume, ein Mindestmaß an Größe des Baumbestands oder einen Prozentanteil der Fläche festlegte, die von Bäumen bestanden sein mussten, damit man von einem Wald sprechen konnte. Aber keine dieser Definitionen übertrifft die aus naturwissenschaftlicher Sicht vage Erläuterung des Begriffs durch die Philologen, die am Deutschen Wörterbuch arbeiteten.

Forstwissenschaftler halten sich meist an eine rechtliche Definition des Waldes, die im Bundesforstgesetz niedergelegt ist: Danach ist ein Wald «jede mit Forstpflanzen bestockte Grundfläche. Als Wald gelten auch kahlgeschlagene oder verlichtete Grundflächen, Waldwege und Lichtungen.» Diese Definition steht mit derjenigen im Deutschen Wörterbuch im Widerspruch. Denn im Forstgesetz geht es um die Betriebsflächen des Försters und nicht um einen Pflanzenbestand.

Auch ein Naturwissenschaftler, ein Ökologe oder ein Vegetationsgeograph würde nur einen Bestand von Bäumen als Wald bezeichnen. In der Biologie ist der Wald eine Pflanzenformation, also eine Ansammlung vieler Pflanzen gleicher Form, in diesem Fall eine Ansammlung von Bäumen. Eine Lichtung gehört aus ökologischer Sicht nicht zum Wald. Für die Ökologie ist das Vorhandensein oder die Ausbildung eines Waldbinnenklimas ein entscheidendes Kriterium, das ein Wald aufweisen muss. Bei Sonnenschein dringt im Wald weniger Lichtenergie an den Erdboden vor als in der Umgebung eines Waldes. Der größte Teil an Licht wird vom Blätterdach der Waldbäume reflektiert. Aus diesem Grund steigt an einem Sonnentag die Temperatur im Wald nicht so stark an wie außerhalb, und es verdunstet weniger Wasser. Eine beträchtliche Menge an Feuchtigkeit wird im Wald zurückgehalten.

Das Waldbinnenklima hat auch eine große Bedeutung für die Umgebung des Waldes. Die sich dort stärker erwärmende Luft steigt auf, und der Luftdruck nimmt ab. Es bildet sich ein Gebiet tiefen Luftdrucks. Nicht so im Wald. Dort bleibt das Niveau des Luftdrucks bestehen; er ist bald höher als außerhalb des Waldes, so dass man von der Ausbildung eines räumlich begrenzten Hochdruckgebietes sprechen kann. Nun kommt es zu einer ausgleichenden Luftbewegung vom Gebiet hohen Luftdrucks in das Gebiet tieferen Drucks, und es weht kühle und feuchte Luft aus dem Wald mit der dort dicht gepackten Luft in dessen Umgebung, in der die Moleküle der Luft einen höheren Abstand untereinander haben. Das «kühle Lüftchen», das aus dem Wald in dessen Umgebung weht, trägt zur Stabilisierung des Lokalklimas auch außerhalb des Waldes bei, indem es dort zu einer Abkühlung führt.

Andere Verhältnisse stellen sich nachts ein: Dann wird warme Luft vom Blätterdach des Waldes zurückgehalten, während sie von den Freiflächen abgestrahlt wird. Auch im Lauf der Jahreszeiten spielt das in heimischen Wäldern eine Rolle. Außerhalb des Waldes gibt es noch spät im Frühjahr und bereits früh im Herbst Frost, aber im Wald liegt die Temperatur dann oft über dem Gefrierpunkt, und das sogar bei unbelaubten Bäumen. Auch der Gang der Temperatur im Jahreslauf ist im Wald gleichmäßiger als im Offenland, in einem Waldland insgesamt stärker ausgeglichen als in einem komplett waldfreien Gebiet. Im Winter hält sich die Wärme eher zwischen den Bäumen, der Schnee taut schneller, weil er nicht nur auf den Erdboden, sondern auch auf die Bäume fiel.

Man kann alle diese lokalklimatischen Eigenheiten messen, sie führen aber auch nicht zu einer grundsätzlich besseren Klärung der Frage, was denn ein Wald sei. Denn in einem dichten Waldbestand bildet sich das Waldbinnenklima besser aus als in einem lichten Baumbestand, in einem großen Wald besser als in einem kleinen. Sogar unter einem Einzelbaum oder unter einer Hecke, einem sehr kleinen «Wald» also, entwickeln sich Ansätze eines Waldbinnenklimas. Ganz klar ist aber: Das Waldbinnenklima entsteht nicht in allen forstlichen Betriebsbereichen, nicht über der Waldwiese, nicht über einem Kahlschlag. Die ökologische Definition bietet auch keine absolut klare Möglichkeit, zwischen einem Wald und einer Einfamilienhaussiedlung zu unterscheiden, in der es ebenfalls viele Bäume gibt. Auf einer Landkarte wird die Villensiedlung als bebauter Bereich angegeben, aber für viele Organismen ähneln die von Bäumen bestandenen Gärten einem Wald sehr stark. Sowohl im Wald als auch in solchen Gärten leben Amseln, Meisen oder Eichhörnchen, die man für typische Waldtiere hält, die aber heute vielleicht noch viel stärker charakteristisch für die in Gehölzbestände eingewachsenen Vorstadtsiedlungen geworden sind.

Man muss sich also damit zufriedengeben, dass man zwar wie selbstverständlich zu wissen meint, was ein Wald ist, aber dass es keine klare Definition für ihn gibt. Man kann einen Wald als Landschaft auffassen. Dann wird klarer, wie man bei einer Definition von Wald vorgehen muss. Jede Landschaft ist stets von natürlichen Entwicklungen, oft vom kultivierenden Einfluss des Menschen und immer von den Ideen geprägt, die über die Landschaft entwickelt werden. Ideen zur Landschaft gehen vom Menschen aus, eine Landschaft ist daher stets kulturell konstruiert: Auch ein Wald, der noch nie bearbeitet wurde, also als «Urwald» gelten mag, wird aus kultureller Sicht erkannt und als solcher bezeichnet. Jeder Wald ist daher insgesamt sowohl von Natur als auch von Kultur geprägt, wobei die Kultur zu einem Teil den kultivierenden Einfluss des Menschen meint und zu einem anderen Teil die Ideen, die von Menschen zum Wald geäußert werden.

Die Natur des Waldes tritt uns in seinem augenblicklichen Erscheinungsbild entgegen. Aber zu jedem Moment laufen dort natürliche Entwicklungen ab, die zu Veränderungen führen. Diese Prozesse sind für die Naturwissenschaft interessant: Fotosynthese und Atmung, die Beteiligung am Kreislauf des Wassers, das Wachstum der Pflanzen, die davon abhängige Entwicklung der Tierwelt und das Nahrungsnetz, die Symbiosen der Bäume und anderer Pflanzen mit anderen Lebewesen, in deren Verlauf Mineralstoffe durch die Bäume und den ganzen Wald transportiert werden oder Stickstoff aus der Luft fixiert wird, das Absterben der Bäume, der Abbau biologischer Substanz, der Ersatz eines abgestorbenen Baumes durch einen anderen, neu nachwachsenden. Alle diese natürlichen Entwicklungen führen auf lange Sicht zu Veränderungen des Waldes: Neue Baumarten breiten sich aus, andere verschwinden. Nichts bleibt konstant, wo Natur herrscht. Daher muss Natur auch als Prozess beschrieben werden.

Kultur des Waldes meint in erster Linie dessen Nutzung, die auf sehr verschiedene Weise betrieben werden kann. Die Kultur des Waldes, die Gewinnung des sehr wichtigen und beliebten Rohstoffes Holz, kann ebenso wie natürliche Einflüsse zu einer Veränderung des Waldes führen. Man kann aber auch anstreben, einen Wald so zu pflegen, dass er als Landschaft stets ein gleiches Aussehen aufweist. Dazu muss Holz entnommen werden, das ja natürlicherweise nachwächst; nach dem Fällen eines Baumes wird die Naturverjüngung des Waldes gefördert, oder es werden neue Bäume gepflanzt. Man kann mit dem Anstreben von Stabilität das kulturelle Ziel verbinden, eine bestimmte Vielfalt an Pflanzen- und Tierarten in einem Vegetationsbestand zu erhalten. Man kann sich auch dazu entschließen (auch das ist Kultur), einen Wald nicht zu bewirtschaften und auf diese Weise den natürlichen Entwicklungen freien Lauf zu lassen.

Falsch aber ist es, davon auszugehen, dass Wald von Natur

aus stabil ist, durch menschliche Eingriffe aber destabilisiert, aus dem Gleichgewicht gebracht wird. Denn ein natürliches Gleichgewicht gibt es nicht; die vom Naturwissenschaftler betrachtete Natur führt stets zur Veränderung, genauso wie die Eingriffe des Menschen, wenn man es sich nicht zum Ziel macht, einen Wald so zu hegen und zu pflegen, dass er sich nicht verändert. Dies ist aber einzig als ein kulturelles Ziel zu verwirklichen, es besteht von Natur aus nicht.

Zu Natur und Kultur des Waldes sind zahlreiche Ideen entwickelt worden, die genauso ihre Berechtigung haben wie die präzise Erfassung natürlicher oder kultureller Prozesse, aber als Ideen kenntlich gemacht werden müssen. Da ist zuallererst der Begriff der Natur einer genaueren Betrachtung zu unterziehen. Er meint nämlich in unserem Verständnis nicht nur das, was der Naturwissenschaftler darunter versteht, sondern ist auch von der Idee der Stabilität eines Waldes, auch eines Waldökosystems geprägt. Diese Idee widerspricht der natürlichen Dynamik im Wald. Der Begriff «Natur» hat dadurch eine doppelte Bedeutung erhalten. Für den Naturwissenschaftler ist er mit Dynamik verbunden, als kulturelle Idee oder Vorstellung mit Stabilität.

Mit Ideen kann man versuchen, genauer zu definieren, was ein Wald ist und welche Typen von Wald es gibt. Das kann wie ein genaues Vorgehen wirken, setzt aber in jedem Fall eine Konvention voraus, die auch wieder verworfen und durch eine neue ersetzt werden mag. Allerdings ist angesichts aller natürlichen und kulturellen Veränderungen, die einen Wald als Landschaft im Lauf der Zeit beeinflussten, kaum damit zu rechnen, dass man vom Mittelalter an über die Zeiten hinweg stets genau dasselbe mit dem Begriff «Wald» bezeichnet hat. Immer wieder andere Menschen traten dem Wald gegenüber, sie hatten immer wieder andere Ideen und Absichten. Sie wollten den Wald nutzen, ihn neu schaffen, verbanden politische Ziele mit seiner Existenz oder seiner Nutzung, wollten ihn schützen.

Für die Beschreibung der Erde ist es sehr wichtig, verschiedene Typen von Wald zu erkennen und voneinander abzugrenzen. Auch diese Typen sind aber nicht mit der Natur des Waldes identisch, sondern sie sind auf der Grundlage von Ideen entwickelt worden, die sich bei der Analyse von verschiedenen Waldbildern einstellten.

Wald entwickelte sich überall dort, wo an der Erdoberfläche so viel Wasser vorhanden ist, dass es auch in die höchsten Wipfel der Bäume vordringen kann. Der Fall ist das heute zum einen in den Tropen, wo ein Tageszeitenklima herrscht und es so gut wie jeden Tag Regen gibt, und zum anderen in einem Bereich mit ausreichenden Regenmengen auf der Nord- und Südhalbkugel rings um die gemäßigten und borealen Zonen. Dort herrscht ein Jahreszeitenklima: Einige Monate im Jahr können sich Bäume sehr gut entwickeln, und dann folgt eine Jahreszeit mit Trockenheit oder Frost. Über die gemäßigten Zonen ziehen von West nach Ost Zyklone oder Tiefdruckgebiete hinweg, die so gut wie das ganze Jahr über abwechselnd Regen und Sonnenschein bringen, mit denen aber auch kalte Luft in den Süden und warme in den Norden transportiert wird. Im Norden, im Gebiet des borealen Nadelwaldes, der auch Taiga genannt wird, gibt es sehr häufig und lange andauernd Frost. Seltener, aber doch regelmäßig in jedem Winter sinkt die Temperatur in der Laubwaldzone der gemäßigten Breiten unter den Gefrierpunkt. Im mittelmeerischen Klima mit seiner Hartlaubvegetation tritt Frost nicht in jedem Winter auf, aber es können auch dort nur Pflanzen überleben, die den gelegentlichen Frost überstehen. Allein in den Tropen gibt es niemals Temperaturen unter dem Gefrierpunkt. Tropische Wälder mit ihren gleichmäßigen Bedingungen und Wälder mit ihren Jahreszeiten und zyklonalen Luftströmungen unterscheiden sich grundsätzlich. In den Tropen können sich das ganze Jahr über Blätter, Blüten und Früchte entwickeln. Das ganze Jahr über besteht ein ähnliches Nahrungsangebot für Tiere und Menschen. In Wäldern höherer Breiten machen sich dagegen mehr oder weniger deutlich Jahreszeiten bemerkbar, die zu einer Synchronisierung des Lebens führen: Die meisten Pflanzen bekommen zur gleichen Zeit frische Blätter, und sie verlieren sie auch zur gleichen Zeit. Blüten und Früchte entwickeln sich ebenfalls nur zu bestimmten Zeiten des Jahres. Das gesamte Leben muss sich auf Zeiten einstellen, in denen Nahrung zur Verfügung steht, und auf andere, in denen es an Essbarem mangelt.

In vielen Bereichen der Subtropen, im Inneren der Kontinente und in hohen Breiten, zu den Polen hin, können Wälder dagegen nicht gedeihen. Überall begrenzt letztlich die Trockenheit das Wachstum von Bäumen. Trockenheit ist nicht nur das Ergebnis geringen Niederschlags oder des Fehlens von Flüssen, die Wasser in klimatisch trockene Gebiete führen, so dass sich an ihren Ufern sogenannte Galeriewälder ausbilden können. Auch in arktischen Breiten vertrocknen Pflanzen. Bei Frost kann kein Wasser von den Wurzeln in die Bäume vordringen. Es gefriert, so dass es in den Bäumen zur sogenannten Frosttrocknis kommt. In Gegenden mit einer zu langen Frostperiode kann sich kein Wald entwickeln.

Prinzipiell gibt es also drei Waldgürtel auf der Erde, in den Tropen sowie sowohl auf der Nord- als auch auf der Südhalbkugel rings um die gemäßigten Breiten. Im Süden liegen aber nur kleine Kontinentalmassen in diesem Bereich, an der Südspitze Südamerikas, im Süden Afrikas und an den Südküsten von Australien und Neuseeland. Daher ist dort kein regelrechter Waldgürtel ausgebildet wie im Norden Eurasiens und in Nordamerika.

Wälder haben nur an wenigen Stellen einen scharfen Rand, etwa am Steilabbruch von Felsen. Andernorts gibt es sogenannte Grenzökotone, breite Übergangszonen zwischen dichtem Wald und waldfreiem Gelände. Und diese Grenzzonen verändern sich. Denn Samen und Früchte der Bäume fallen auch ins Gebiet außerhalb der bisherigen Baumbestände und keimen dort. Die Gehölzpflanzen wachsen so lange in die Höhe, bis ein begrenzender Faktor für ein weiteres Wachstum wirksam wird. In aller Regel bedeutet dies: Die Trockenheit auf Grund von Regenmangel oder von zu starker Kälte unterbindet die Zufuhr von Wasser und Mineralstoffen im Baum, und dieser stirbt ab.

Mit geographischen Methoden lässt sich eine Linie festlegen, die man als Waldrand auffassen kann und die man in eine Landkarte einzeichnet. Man lässt sie beispielsweise mitten durch das Ökoton verlaufen, wo sie eine Zone mit höheren Gehölzen von einer anderen mit niedrigeren Holzpflanzen trennt. Oder man zieht dort eine Linie, wo die äußersten, etwa fünf Meter hohen Bäume eines Waldes einen Anteil von 30 Prozent der Grundfläche des Landes bedecken. Aber diese Grenze, die dann auf einer Karte eingetragen ist, hat mit der natürlichen Grenze eines Waldes nichts zu tun. Diese ist nirgends so scharf ausgebildet, wie es beim Betrachten der Landkarte erscheint, an ihr verändern sich die ökologischen Bedingungen nicht, und man kann beim Blick auf die Landkarte auch nicht sagen, wo sich ein Waldbinnenklima ausbildet. Die auf der Landkarte eingezeichnete Grenze des Waldes ist in jedem Fall auf der Grundlage einer Idee gewonnen worden, nicht auf der Grundlage naturwissenschaftlicher Konstanten. Auf deren grober Angabe lässt sich ungefähr ermitteln, wo Wälder ihre Grenzen finden. Aber diese Grenzen verändern sich im Lauf der Zeit.

Als Konsequenz daraus ergibt sich, dass wir auch keine Vorstellung darüber gewinnen können, welche Ausdehnung Wälder auf der Erde von Natur aus hatten oder in der heute weitgehend von Menschen geprägten Natur haben. Jedenfalls kann das ein Naturwissenschaftler nicht sagen, und es ist ein falscher Weg, von ihm zu verlangen, dazu genauere Angaben zu machen. Ebenso kann man auch den Zeitpunkt nicht festlegen, zu dem menschlicher Einfluss auf die Wälder bedeutend, mächtig oder übermächtig wurde. Ganz allmählich wurden aus rein natürlich geprägten Wälder solche, die unter einem größer werdenden Einfluss des Menschen stehen. Das sogenannte Anthropozän, das vom Menschen geprägte Zeitalter der Erdgeschichte, begann in einem Zeitraum von Jahrtausenden, und wohin sich menschlicher Einfluss noch entwickeln wird, wissen wir nicht. Einen Anfang des Anthropozäns definieren zu wollen ist nur durch eine Idee möglich, nicht durch eine naturwissenschaftlich exakt untermauerte Festlegung. Kurz und gut: Es bleibt bei Definitionen wie derjenigen aus dem Deutschen Wörterbuch. Nur diese ist allgemeingültig.

2. Der Baum

In einem Wald muss es Bäume geben. Aus botanischer Sicht gehören sie zu den Höheren Pflanzen, die nicht etwa so heißen, weil sie hoch gewachsen, sondern weil sie hoch entwickelt sind. Man nennt sie auch Kormophyten, weil sie grundsätzlich aus drei Teilen eines Kormus bestehen, aus Wurzel, Spross und Blatt. Zu den Kormophyten gehören die Farn- und die Blütenpflanzen, und in diesen beiden, von der Pflanzensystematik als «Abteilungen des Pflanzenreichs» unterschiedenen Gruppen gibt es sowohl krautige Pflanzen als auch Sträucher und Bäume. Für die Einteilung in das System der Pflanzen sind die Pflanzenformen Baum, Strauch oder Kraut nicht entscheidend, denn es gibt viele Pflanzenfamilien, in denen es Bäume, Sträucher und Kräuter gibt. Das ist etwa bei den Rosengewächsen so, zu denen der Apfelbaum, Weißdorn und Rose als Sträucher gehören, aber genauso die kleinen Fingerkräuter. Baum, Strauch und Kraut sind Lebensformen von Pflanzen; entscheidend für deren Unterscheidung sind die Lagen ihrer Erneuerungsknospen. Bei Bäumen und Sträuchern liegen sie über der Erde und der winterlichen Schneedecke, sind also der Winterkälte schutzlos ausgeliefert. Zwischen Bäumen und Sträuchern zu unterscheiden ist nicht immer einfach; im Allgemeinen hat ein Baum einen einzelnen Stamm und verzweigt sich oberhalb davon, während ein Strauch aus mehreren, meist dünneren Stämmen besteht, die sich bereits in der Nähe des Erdbodens verzweigen. Ein Baum ist also ein besonderer Kormophyt innerhalb der Abteilungen der Farn- und Blütenpflanzen, der nicht nur aus einer einzelnen Wurzel, sondern aus einem ganzen Wurzelsystem, einem dicken Stamm und der Baumkrone mit ihren zahlreichen Blättern besteht. Mitunter treiben aus einem Wurzelsystem mehrere Stämme in die Höhe, bei vielen Bäumen kommen kleine Wurzelschösslinge neben hohen Stämmen empor.

Blütenpflanzen, die man auch Samenpflanzen nennt, sind durch diese allgemeinen Merkmale eines Kormophyten noch nicht ausreichend gekennzeichnet. Sie haben außerdem Blüten, ohne jedoch weitere Grundelemente aufzuweisen, durch die sie sich von anderen Kormophyten unterscheiden würden. Die für sie charakteristischen Blüten sind nämlich aus den bereits erwähnten Elementen des Kormus zusammengesetzt. Kelchblätter, Blütenblätter, Staubblätter und Fruchtblätter sind abgewandelte Blätter, und den Griffel des Fruchtblattes kann man als eine Verlängerung des Sprosses auffassen.

Die Bäume heimischer Wälder, die zu den Blütenpflanzen gehören, ordnet man Laub- und Nadelhölzern zu. Laubbäume zählen zu den Bedecktsamern oder Angiospermen, bei denen die Samen in einen Fruchtknoten eingeschlossen sind. Zu dieser Gruppe gehören auch fast alle bei uns vorkommenden krautigen Pflanzen. Bei den Nadelbäumen liegen die Samen dagegen frei, so dass man sie früher auch als Nacktsamer oder Gymnospermen bezeichnet hat. Laub- und Nadelbäume unterscheiden sich nicht nur durch die Blattformen, wobei zu bedenken ist, dass Nadeln auch Blätter sind, allerdings mit einer charakteristischen Form. Viel wichtiger sind die Unterschiede im Aufbau ihres Holzes.

Die Dreigliederung in Wurzel, Spross und Blatt ist für Landpflanzen kennzeichnend. Die meisten Kormophyten findet man auch tatsächlich nur auf dem Land. Eine im Wasser lebende große Alge, ein Tang etwa, braucht die Dreigliederung aus anderen Gründen: Mit einem wurzelähnlichen Rhizoid ist sie am Meeresboden festgeheftet, ihre blattähnlichen Phylloide sind nahe der Wasseroberfläche ausgebreitet, und ein stielähnliches Cauloid verbindet die beiden anderen Teile der Alge. Es gibt aber keine Arbeitsteilung zwischen den einzelnen Geweben wie bei einem Kormophyten, denn alle ihre Teile sind von Wasser und Mineralstoffen umgeben. Vor allem an der Wasseroberfläche sind auch reichlich Gase vorhanden, die von der Pflanze aufgenommen werden, und es dringt Sonnenlicht in das Wasser ein, das für die Fotosynthese gebraucht wird. Diese Wasserpflanzen brauchen keine Transportbahnen für Stoffe, die von einem Teil

Abb. 1: Ein Baum besteht aus Wurzeln, Spross (Stamm) und Blättern.

der Pflanze in einen anderen gelangen müssen, weil sie an dem einen Ort verfügbar sind, an dem anderen nicht. Bei der Landpflanze hingegen sind die Orte der Wasser- und Mineralstoffaufnahme bis zu viele Meter weit von denjenigen getrennt, an denen die Fotosynthese stattfindet, und deshalb gibt es in der Landpflanze Stoffleitbahnen, die auch als Gefäße bezeichnet werden. Auf diese Bezeichnung kamen frühe Anatomen, die Entsprechungen zwischen den Blut- oder Lymphgefäßen bei tierischen Organismen und den Gefäßen der Pflanzen sahen. Die Kormophyten haben von diesen Gefäßen den weiteren Namen «Gefäßpflanzen» erhalten.

Dieser Begriff weckt manche falschen Vorstellungen. Weder ein Blutgefäß noch ein Gefäß einer Pflanze ähnelt einem Behälter, wie man ihn etwa in der Küche verwendet; es handelt sich dabei vielmehr um lange, aderförmige Gebilde. Die Blutgefäße des Menschen bestehen außen aus Bindegewebe und Muskelzellen. Gefäße von Pflanzen gehen dagegen aus Zellen hervor, deren sogenannte Wände aus Zellulose, einem langkettigen Zucker, bestehen. In diese Wände kann Lignin eingelagert sein, der «Holzstoff», der ein pflanzliches Gewebe zu Holz macht.

Ein pflanzliches Gewebe besteht aus zahlreichen Zellen. Neue Zellen entstehen zunächst einmal an den äußeren Enden der Pflanzen, an den Wurzelspitzen genauso wie an den Sprossspitzen und an den Spitzen der Blätter. Sich neu bildende Zellen sind sehr klein und plasmareich. Sie teilen sich, wachsen dabei aber kaum. Man bezeichnet die Zellteilungszonen als Meristeme, auch als primäre Meristeme. Weil sie an den Spitzen der Pflanzen liegen, nennt man sie auch Apikalmeristeme. Von diesen Meristemen aus werden Zellen, die sich dann nicht mehr teilen, in die Bereiche unterhalb oder oberhalb der Meristeme abgestoßen. Die Meristeme verlagern sich dabei, die Spross- oder Blattspitzen bildend, nach oben und außen. An den Wurzeln laufen diese Prozesse in genau anderer Richtung ab: Dort verlagern sich die Meristeme nach unten, an die Wurzelspitzen, und Zellen, die die Wurzeln verlängern, werden nach oben abgegeben. Dabei bietet eine schleimige Struktur aus abgestorbenen Zellen eine Art von Schutzkappe für die zartwandigen Zellen der Wurzelmeristeme. Wären sie ungeschützt, würden die scharfen Kanten von Bodenpartikeln, von Sand, ja selbst von kleinen Tonkörnchen sie sofort zerstören. Die Schutzkappe nennt man Kalyptra: Sie wird von den sich teilenden Zellen in den Untergrund gedrückt, so dass die Wurzel allmählich länger wird. Die schleimige Konsistenz der Kalyptra lässt die Wurzel möglichst geschmeidig in den Untergrund gleiten.

Der Hauptteil des Wurzelwachstums geht nicht von den sich teilenden Zellen aus. Vielmehr strecken sich diejenigen Zellen, die aus den Meristemen abgegeben werden, und verlängern die Wurzeln. Dabei strömen Wasser und Mineralstoffe sowie Zucker in die Zellen ein. Wasser und Mineralstoffe kommen aus dem Boden, Zucker aus den Blattzellen, in denen die Fotosynthese abläuft. Der ursprüngliche Zellinhalt, das Zellplasma, lagert sich an den Rändern der Zellen ab. Der größte Teil der Zelle ist schließlich von der sogenannten Vakuole erfüllt. Die frühen Mikroskopiker, die Pflanzenzellen untersuchten, erkannten nichts in der Vakuole und hielten sie für einen leeren Raum, verglichen sie mit einem Vakuum, und davon behielt sie bis heute ihren irreführenden Namen. Die Vakuole ist nämlich prallvoll mit Wasser und darin gelösten Mineral- und Nährstoffen. Ihre Umgrenzung ist eine Membran, eine Art von Haut, die die Vakuole gegenüber dem Plasma abtrennt, und das Plasma ist gegenüber dem Bereich außerhalb der Zelle durch eine weitere Haut, die Plasmamembran, abgeteilt. Wenn immer weiteres Wasser und immer weitere darin gelöste Stoffe in die Vakuole eindringen, wird die Membran immer weiter gedehnt. Sie könnte schließlich platzen wie ein Luftballon. Aber dazu kommt es nicht, denn aus den Stoffen in der Vakuole wird eine Stützstruktur gebaut, die sich außen an die Zellmembran anlehnt: die Zellwand. Sie besteht aus Zuckerbausteinen, die zu langfaserigen Zellulosemolekülen zusammengesetzt werden. Sie werden mit der Zeit in immer dichteren Lagen übereinandergelegt und bilden schließlich eine Art von Geflecht, das eine feste Struktur annimmt, so dass die Zellmembran dann doch nicht platzt. Die Zucker, das Baumaterial der Zellen, entstehen bei der Fotosynthese in einer wasserlöslichen Form. In dieser Form werden sie transportiert. Wenn sie dann in der Vakuole jeder einzelnen Zelle zu Zellulose verknüpft und verlängert werden, verlieren sie ihre Löslichkeit in Wasser. Sie werden so stabil, dass sie in keiner Pflanze wieder aufgelöst werden und auch kein Tier sie wieder zerlegen kann. Nur bestimmte Einzeller sind dazu in der Lage, Zellulose abzubauen. Sie brauchen dazu spezielle Enzyme, die Zellulasen.

Der Begriff «Zellwand» ist unglücklich gewählt, denn die äußere Begrenzung der Zelle ist nicht die Zellwand, sondern die Zellmembran. Die Zellwand liegt zwischen den Zellmembranen zweier benachbarter Zellen. Sie verleiht dem Pflanzenkörper Stabilität; das hat sie mit einer Wand gemein. Aber an den Zellulosefasern rinnt anschließend Wasser entlang; über die Zellulosefasern werden die einzelnen Zellen sogar mit Wasser versorgt, dazu mit den Mineralstoffen, die die Zelle braucht! Das entspricht nicht der Vorstellung, die wir von einer Wand haben. Und noch dazu befindet sich zwischen den Zellulosefasern Luft mit allen Gasen, die zu jeder Zelle vordringen müssen. Im Bodenraum ist das vor allem Sauerstoff, den die Wurzelzelle bei der Zellatmung benötigt. Ein Teil der Zuckermoleküle, die in die Zelle gelangen, werden nämlich nicht zu Zellulose verbunden, sondern bei der Zellatmung abgebaut. Unter Sauerstoffverbrauch wird Energie freigesetzt, die die Zelle zu allen möglichen Biosynthesen benötigt, unter anderem zum Aufbau von Zellulose.

Nicht weit entfernt von den Meristemen, die außen an der Wurzel gelegen sind, befinden sich recht dünnwandige Zellen. Aus ihnen entwickelt sich die Rhizodermis, wörtlich übersetzt, die «Haut der Wurzel». Durch die dünnen Wände dieser noch jungen Zellen gelangen Wasser und Mineralstoffe aus dem Boden in die Wurzel. Die Rhizodermiszellen haben zunächst auch eine besonders große Oberfläche, denn an ihnen entwickeln sich Ausstülpungen, die Wurzelhaare. Sie legen sich zwischen die Gesteinspartikel im Boden. So nimmt die junge Rhizodermiszelle mehr Wasser und darin gelöste Mineralstoffe auf. Jedes positiv geladene Ion eines Minerals wird an der Oberfläche der Wurzel gegen Wasserstoffionen ausgetauscht: Ein Kaliumion gelangt in die Wurzel, und gleichzeitig wird ein Wasserstoffion (oder Proton) an den Boden abgegeben. Gegen ein doppelt positiv geladenes Magnesiumion werden zwei Wasserstoffionen eingetauscht. Auf diese Weise kommt die Pflanze an Mineralstoffe, aber im Boden sammeln sich Wasserstoffionen an. Sie machen den Boden sauer. Gesteinspartikel dort werden von den Säuren im Boden angefressen, und weitere Mineralionen werden freigesetzt, die von den Pflanzenwurzeln aufgenommen werden können. Es dauert nicht lange, bis die zarte Zellwand der Wurzelhaare von einem scharfkantigen Bodenpartikel zerschnitten wird. Wenn die Wand und vor allem die Zellmembran zerstört sind, läuft die Flüssigkeit aus der Rhizodermiszelle, und sie verliert ihre Funktion. Aus den übrigen Zellwandbestandteilen der zerstörten Zelle wird eine Art von Schutzhaut, die an der Wurzel zurückbleibt. Unterdessen haben sich etwas tiefer an der Wurzel schon wieder neue Wurzelhaare gebildet, über die Wasser und Mineralstoffe aufgenommen werden, allerdings nun aus einem geringfügig tiefer gelegenen Bodenbereich, wo mehr Mineralstoffe zur Verfügung stehen als dort, wo sie kurz zuvor schon ausgetauscht worden waren.

Die Wurzel schiebt sich immer tiefer in den Boden, vor allem wegen des Streckungswachstums der jungen Zellen. Dabei schützt die schleimige Hülle der Kalyptra an der Wurzelspitze die Meristeme. Weil sich die Position intakter Wurzelhaare ständig ändert, werden Mineralpartikel in immer wieder anderer Bodentiefe erschlossen. Die sich im Boden ansammelnde Säure lässt zunehmend mehr Gestein aus dem Untergrund verwittern, so dass ständig neue Mineralpartikel freigesetzt werden. Immer wieder kann eine neue Wurzel in den Boden vordringen und dabei frisch freigesetzte Mineralionen aufnehmen.

Von der Wurzel werden zunächst einmal alle Substanzen aufgenommen, die im Boden vorhanden sind. Im Wasser gelöst, gelangen sie an den Zellulosefasern der Zellen im Inneren der Wurzel bis zur sogenannten Endodermis. Sie besteht aus wasserabweisendem Wachs. Daher kann Wasser mit den darin gelösten Stoffen diese Barriere nicht passieren. Es gibt sie in jeder Pflanze; in den verdickten Speicherwurzeln der Möhre kann man sie besonders gut sehen: als charakteristischen helleren Ring in der als Gemüse beliebten Wurzel.

Nur im Inneren der Zellen gelangen Wasser und Mineralstoffe noch weiter in das Innere der Wurzel, zum Zentralzylinder. Große organische Moleküle oder gar Viren werden vom weiteren Transport ausgenommen, da sie in der Regel nicht in das Innere der Zellen vordringen können. Der Transport von Wasser und Mineralstoffen erfolgt in Plasmaverbindungen zwischen den Zellen. Man mag sich wundern, dass Stoffe, die die Pflanze schädigen, doch so weit, bis zur Endodermis, in die Wurzel vordringen können. Aber eine Zellschicht, die das Vordringen von Schadstoffen bereits weiter außen an der Wurzel verhindern würde, könnte sehr leicht beschädigt werden, nicht nur von scharfkantigen Bodenpartikeln, sondern auch von im Boden lebenden Organismen oder auch vom Spaten des Menschen. Je tiefer im Inneren der Wurzel die Endodermis liegt, desto eher ist gewährleistet, dass die Wurzel ihre volle Funktion auch dann behält, wenn ihre äußeren Zellen beschädigt wurden.

Ganz in der Mitte der Wurzel liegt der Zentralzylinder, in dem Wasser und Mineralstoffe nach oben, in den Spross und zu den Blättern, geleitet werden. Dort werden aber auch Zuckermoleküle abwärtstransportiert; sie werden vom Zentralzylinder aus zu den Meristemen und wachsenden Zellen geleitet. Aus den Zuckermolekülen wird vor allem Zellulose, zudem auch Lignin, das in die Zellwände eingelagert wird. Sie verholzen dadurch, werden besonders stabil.

An den Blättern bilden sich neue Zellen auf ähnliche Weise wie an den Wurzeln. Die Zellen teilen sich an der Blattspitze; das Blatt wächst aber vor allem dadurch, dass sich die Zellen nach der Teilung strecken und das Meristem nach vorne schieben. Das heißt, dass die Vakuolen größer werden und Zellwände aufgebaut werden. Es muss also Wasser auch in diese Zellen eindringen, zudem müssen Mineralstoffe die Zellen, die gerade bei einem Baum viele Meter von den Wurzeln entfernt liegen, erreichen können. Die Blattzellen nehmen Kalium auf, das hygroskopisch, also wasseranziehend, wirkt. Wasser und

Mineralstoffe werden daher in jede einzelne Blattzelle transportiert. Weil Blattzellen im Zuge der Transpiration Wasser auch wieder abgeben, entsteht ein Transpirationssog, durch den permanent Wasser mit darin gelösten Mineralstoffen aus dem Wurzelraum in den Blattraum transportiert wird. Wasser wird dort auch für die Fotosynthese gebraucht. Mit ihr werden wasserlösliche Zucker aufgebaut, die im Zuge der Zellatmung zur Bereitstellung von Energie wieder abgebaut werden können. Diese wasserlöslichen Zucker sind aber auch die Rohstoffe, aus denen sowohl wasserunlösliche, langkettige Zuckermoleküle wie das von Zellulose aufgebaut als auch alle möglichen anderen organischen Substanzen hergestellt werden können.

Zwischen den Wurzeln und den Blättern befinden sich die Sprosse der Höheren Pflanze. Diese bestehen zunächst einmal aus ganz normalen Zellen, die man Parenchymzellen nennt. Darin sind, in einem Ring angeordnet, mehrere Leitbündel eingebettet, in denen Stoffe sowohl aus dem Wurzelraum in den Blattraum als auch in die umgekehrte Richtung transportiert werden können. Der Transport von Wasser und Mineralstoffen aus dem Wurzelraum in den Blattraum erfolgt in den Xylembereichen des Leitbündels. Xylemzellen sind, wenn sie als Leitbahnen funktionieren sollen, tot. Sie werden von einem sogenannten sekundären Meristem gebildet, dem Kambium. Es kommt also auch hier, in den Leitbündeln der Sprosse, zu Zellteilungen wie an den Wurzel- und Blattspitzen. Im Kambium der Leitbündel werden Xylemzellen nach innen abgegeben. Sie werden auch als Holzzellen bezeichnet, weil in ihre Zellwände Lignin eingelagert wird, der Holzstoff; *xylos* ist der Begriff für Holz im Altgriechischen. Sobald Lignin abgelagert ist, haben die Zellwände der Xylemzellen so viel Stabilität angenommen, dass sie nicht kollabieren, wenn sie absterben. Mehrere Xylemzellen werden zu röhrenförmigen Wasserbahnen zusammengeschlossen, in denen Wasser aus dem Wurzelraum in den Blattraum strömt.

Nach außen geben die Meristeme des Kambiums sogenannte Phloemzellen ab, die sich dann noch einmal teilen zu (toten) Siebzellen, in denen Zucker von den Blättern zu den Verbrauchsorten innerhalb der Pflanze transportiert werden, und Geleitzellen, in denen dieser Transport kontrolliert wird. Zwischen den Leitbündeln liegen bei einer krautigen Pflanze breite Bereiche mit Parenchymzellen.

Aus einem krautigen Spross kann ein verholzter Spross hervorgehen. Dazu schließen sich die Meristeme einzelner Leitbündel zu einem Kambiumring zusammen. Von diesem Kambiumring geht das sogenannte Sekundäre Dickenwachstum der Holzgewächse aus: Dabei teilen sich in allen Sprossbereichen Zellen, sowohl innerhalb des Leitbündels als auch außerhalb davon. Die einzelnen Leitbündel werden breiter und sind schließlich nur noch durch ganz schmale Markstrahlen aus parenchymatischen Zellen voneinander getrennt. Von den Kambien werden weiterhin Xylemzellen nach innen, zur Mitte des Sprosses hin, abgegeben, die sich im Kambium von nach außen hin produzierten Rinden- oder Phloemzellen trennen.

Wenn Jahr für Jahr ständig Xylemzellen nach innen hin aufgebaut werden, wandert der meristematische Bereich des Kambiums im Baumstamm allmählich nach außen. In seinem Inneren gibt es schließlich nur noch abgestorbene Holz- oder Xylemzellen, während sich die Leitbahnen für die abwärtsgerichteten Materialströme, in denen Zucker enthalten sind, außen in der Rinde befinden. Vor allem die Leitbahnen für Zucker müssen in jedem Jahr neu gebildet werden. Daher lebt ein Baum nur dann, wenn er nach außen im Stamm Phloemzellen abgibt, nach innen aber Holzzellen – und dabei wächst der Baum in die Breite, wird Jahr für Jahr dicker. Würde er nicht in dieser Weise wachsen, würde er absterben, denn dann hätte er keine intakten Rindenzellen mehr.

In einem Baum der tropischen Wälder werden das ganze Jahr über Holzzellen gebildet, die sich wenig voneinander unterscheiden. Es gibt dort kein regelmäßiges Muster der Holzbildung wie bei einem Baum, der in Weltgegenden mit Jahreszeiten heranwächst. In einem Baum der gemäßigten Breiten entstehen im Frühjahr Holzzellen mit einem recht großen Lumen, dem Zellinneren, durch die schnell sehr viel Wasser und viele Mineralstoffe geleitet werden können. Das ist notwendig in einer Jahreszeit, in der der Baum rasch wächst und viel Wasser benötigt.

Im Frühjahr ist aber auch die Fotosyntheseleistung des Baumes noch nicht sehr hoch, und es wird wenig Zucker, auch nur wenig Zellulose hergestellt. Daher können im Baumstamm nur Zellen mit einer dünnen Wand entstehen. Das Frühholz hat also helle, dünnwandige und weitlumige Zellen, es gibt dem Werkstoff Holz Elastizität. Später im Jahr bilden sich nur noch englumige, kleinere Zellen mit einer viel dickeren Zellwand, in die viel mehr Zellulose und Lignin eingelagert wird. Das ist das dunklere, dichtere Spätholz, das dem Holz vor allem Festigkeit gibt. Im Winter wächst der Baum nicht weiter in die Breite. Helle und dunkle Holzschichten wechseln miteinander ab: Es entstehen Jahresringe, an denen man bei einem gefällten Baum ablesen kann, wie alt er ist, einfach durch Zählen der Jahresringe. Die Jahresringe machen Holz aber auch zu einem ganz besonderen Baumaterial, das sowohl fest als auch elastisch ist.

Übrigens: Die Parenchymbereiche der Markstrahlen lassen sich im Holz gut erkennen. Aus ihnen gehen die strahlenförmigen Zellreihen hervor, die bei trocknendem Holz aufplatzen. Entlang der Markstrahlen lässt sich Holz spalten. Ein Brett, das man beim Spalten eines möglichst dicken Baumes erzeugt, läuft deswegen immer konisch zu: Es handelt sich dabei um Holz, das zwischen zwei Markstrahlen gelegen war und an der einen Seite aus dem stärker gebogenen, früher gebildeten Holz des Stammes stammt, an der anderen Seite aus einem später entstandenen Teil aus den peripheren Bereichen des Stammes.

Ein Kormophyt und auch ein Baum sind in sich abgeschlossene Organismen. Aber viel mehr hat der Baum nicht mit einem Tier gemeinsam. Er nimmt Wasser und Mineralstoffe an den Wurzeln auf, während er Zucker oder Nährstoffe, mit denen sich auch Tiere ernähren können, im Kronenraum produziert. Zwischen den einzelnen Bereichen eines Baumes gibt es einen Stoffaustausch. Er funktioniert auf der Grundlage physikalischer und chemischer Prozesse. Bei Bäumen gibt es kein zentrales Organ, kein Herz, mit dem der Blutkreislauf von Tieren angestoßen wird. Keine Pflanze hat Nerven wie ein Tier, und sie zu suchen würde dem Wesen, man kann auch getrost sagen, der Seele einer Pflanze nicht gerecht. Eine Pflanze als nervenloses

Wesen empfindet keine Schmerzen. Sie sucht sich keine Nahrung wie ein Tier, sondern produziert die Nährstoffe selbst; kein Tier ist dazu in der Lage. Tierische Organismen decken ihren Bedarf an Mineralstoffen vor allem durch das Fressen von Pflanzen.

Tiere können ohne Pflanzen nicht existieren, denn Pflanzen bauen nicht nur die organischen Substanzen auf, von denen sich Tiere ernähren, und setzen Sauerstoff frei, den Tiere zum Atmen brauchen, sondern sie nehmen auch die anorganischen Substanzen aus dem Boden auf, die in der Nahrung von Tieren enthalten sein müssen. Dagegen ist ein pflanzliches Leben ohne das Vorhandensein von Tieren eher denkbar. Tiere verbreiten zwar Pollenkörner, Früchte und Samen, aber viele Pflanzen sind darauf nicht angewiesen. Für die Beurteilung eines Waldes oder eines anderen Ökosystems ist es stets wichtiger, sich mit den Pflanzen zu befassen als mit den Tieren. Das Problem ist allerdings, dass die meisten Menschen über Tiere den Zugang zu Ökosystemen finden und nicht über Pflanzen.

3. Vom Steinkohlewald zum Wald von heute

Vor etwa vier Milliarden Jahren begann sich das Phänomen Leben auf der Erde zu entwickeln. Wie soll man einen solchen Satz verstehen? Das ist kaum zu beantworten. Sehr viele Prozesse gehören von Anfang an zum Leben dazu; sie müssen im gleichen Moment alle auf einmal abzulaufen begonnen haben. Man kann sie im Einzelnen mehr oder weniger gut erklären. Aber es ist besonders schwer zu sagen, wie es zu der Anhäufung der unendlich vielen Zusammenhänge kam, die gegeben sein mussten, damit ein Lebewesen lebte. Es musste flüssiges Wasser (innerhalb einer Temperaturspanne von nur wenigen Graden) auf der Erdoberfläche verfügbar sein, es musste bestimmte organische Substanzen in einer sogenannten «Ursuppe» geben, die nicht von Organismen hergestellt wurden, denn es gab noch keine Organismen. Alle diese Stoffe mussten in einer bestimmten Ordnung aneinandergefügt sein, und dann mussten viele chemische Reaktionen, die Teile des Stoffwechsels sind, beginnen, vielmehr bereits begonnen haben, da sie alle Voraussetzung für das Funktionieren eines Lebewesens sind.

Seit dieser Zeit betreiben Lebewesen, die man als Mikroorganismen, aber durchaus auch als Pflanzen bezeichnen kann, Fotosynthese. Diese Organismen lebten ausschließlich in Ozeanen, von Wasser und von allen Mineralstoffen umgeben, die sie für ein autonomes Leben benötigten. Im Zuge der Fotosynthese entstanden im Lauf der Zeit organische Substanzen, die nicht alle sofort wieder abgebaut wurden. Das zeigt sich an dem anderen Produkt der Fotosynthese, das es zunächst an der Erdoberfläche nicht gab, heute aber sehr häufig ist: molekularer Sauerstoff. Seine Freisetzung hatte zur gleichen Zeit begonnen, in der auch organische Substanzen gebildet wurden, die seitdem an der Erdoberfläche für kürzere oder längere Zeit gespeichert werden. Man könnte sie verbrennen: Dabei würde sämtlicher Sauerstoff verbraucht, und die allermeisten Formen von Leben auf der Erde wären zerstört.

Die nachfolgende Evolution des Lebens ist durch zahlreiche weitere Prozesse bestimmt, die wiederum für sich allein genommen mehr oder weniger gut verstanden werden, deren komplexes Zusammenwirken aber Rätsel aufgibt. Doch wir haben keinen Grund zu der Annahme, dass es zu diesem komplexen Zusammenwirken nicht gekommen ist. Denn wir kennen das Resultat: Das Leben und dessen Vielfalt entwickelten sich.

Algen bildeten Kolonien im Meer, diese entwickelten enorme Größen von bis zu vielen Metern Länge. Große Algen, auch als Makroalgen bezeichnet, stehen in dichten Beständen im flachen Wasser. Man bezeichnet sie als Algenwälder, die es beispielsweise an der Küste von Helgoland und an vielen Steilküsten der Erde gibt. Die spross- und blattähnlichen Strukturen dieser Algen scheinen sich der Wasseroberfläche und damit der Sonne entgegenzustrecken, aber es ist in Wirklichkeit der Auftrieb im Wasser, der die Pflanzen in aufrechter Position hält.

Über vier Milliarden Jahre lang entwickelte sich das Leben auf der Erde ausschließlich im Wasser. In Ablagerungen der geologischen Epochen des oberen Silur und des unteren Devon, die etwas über 400 Millionen Jahre alt sind, fand man die Überreste erster Landpflanzen. Sie wuchsen in der Nähe des Wassers, mussten aber eine ganze Reihe von Eigenschaften aufweisen, die sie von Wasserpflanzen unterschieden. Statt durch Auftrieb mussten sie durch Gewebe in einer mehr oder weniger aufrechten Position gehalten werden, und dieses Gewebe musste aus Zellen mit stabilisierenden Inhaltsstoffen bestehen, weil die Pflanzen in der Atmosphäre weniger Auftrieb haben als in der Hydrosphäre, im Wasser. Zellwände in den Leitbahnen der ersten Landpflanzen enthielten tatsächlich bereits Lignin, den «Holzstoff». Die Leitbahnen festigten nicht nur den Körper der Pflanzen, sondern ermöglichten auch einen Stoffaustausch zwischen Wurzeln und Blättern. Landpflanzen brauchten ferner ein Abschlussgewebe mit einem Überzug aus Wachs, das unkontrollierten Wasseraustritt aus Sprossen und Blättern verhinderte. In diesem Abschlussgewebe musste es verschließbare Öffnungen geben, durch die ein regulierter Gas- und Wasseraustausch mit dem Außenmilieu der Blätter und Sprossen möglich war: Spaltöffnungen oder Stomata schließen sich, wenn nur wenig Wasser in den Zellen ihrer Umgebung vorhanden ist, und sie öffnen sich, wenn dort alle Zellen turgeszent sind, also reichlich Wasser enthalten.

Diese Eigenschaften musste ein Pflanzenindividuum bereits besitzen, als es noch mehr oder weniger vollständig von Wasser umgeben war, vielleicht als einziges Individuum unter sehr vielen anderen, so dass es dann außerhalb des Wassers überleben konnte, während alle anderen Individuen, die diese für Wasserpflanzen nutzlosen Eigenschaften nicht aufwiesen, außerhalb des Wassers abstarben.

Aus den Landpflanzen entwickelte sich allmählich eine dichte Vegetationsdecke. Diejenigen Pflanzen, deren Blätter am weitesten daraus hervorragten und nicht beschattet wurden, konnten das Sonnenlicht zur Fotosynthese am besten nutzen und am meisten organische Substanz aufbauen. Unter den Bedingungen der Selektion entwickelten sich die hoch aufragenden Pflanzen am besten, alle von ihnen beschatteten Gewächse waren benachteiligt und entwickelten sich weniger rasch. Voraussetzung dafür war allerdings, dass reichlich Wasser im Wurzelraum zur Verfügung stand und auch die Luftfeuchtigkeit in der Umgebung der Pflanzen hoch war. Denn sonst hätten die am weitesten aufragenden Gewächse am meisten Wasser abgegeben und wären vertrocknet, während die im Schatten stehenden Pflanzen zwar weniger Fotosynthese betreiben konnten, aber noch am ehesten genug Wasser hatten. Wenn die größten Pflanzen aber einen festen Spross besaßen, ihre Blätter klein und von einer Wachsschicht überzogen waren, so dass sie trotz des trockenen Außenmilieus nur wenig Wasser verloren, dann hatten sie eine gute Chance zu überleben. Im Lauf der Zeit mögen so die ersten Bäume entstanden sein, die alle anderen Pflanzen weit überragten. Genauso wie die Makroalgen nicht alleine im Wasser stehen, so blieben auch Bäume nicht isoliert voneinander, sondern sie bildeten einen Pflanzenbestand. Je dichter die Wälder nämlich waren, desto geringer war die Gefahr, dass sie zerstört werden könnten, etwa wenn der Wind durch sie fuhr. Es war nicht etwa «Absicht» der Bäume oder der Wälder, der Bedrohung zu widerstehen. Vielmehr wurden alle Bäume zerstört, die alleine standen, und nur diejenigen überlebten, die dicht an dicht nebeneinander wuchsen, einen Schutz für ihre Nachbarn bildeten und ein Waldbinnenklima entstehen ließen.

Das sagt oder schreibt sich so leicht dahin, aber für diesen weiteren Evolutionsschritt standen immerhin etwa 30 Millionen Jahre zur Verfügung. So groß war die Zeitspanne zwischen dem Moment, an dem die ersten Pflanzen auf dem Land wuchsen, und der Ära, von der wir auf der Grundlage von Fossilfunden wissen, dass in ihr erste Wälder auf der Erde existierten. Sie bestanden vor mehr als 370 Millionen Jahren, am Ende des geologischen Zeitalters des Devon und im sich anschließenden Karbon. Seitdem überzogen stets Wälder zuerst kleine, dann immer größere Bereiche auf der Erde. Das bedeutet, dass immer mehr kohlenstoffhaltige Substanz an der Oberfläche der Erde gespeichert wurde und immer mehr Sauerstoff in die Atmosphäre gelangte. Je höher der Sauerstoffgehalt der Atmosphäre war und je weniger Kohlenstoffdioxid dort vorkam, desto stärker sank die Temperatur in der Nähe der Erdoberfläche.

Die nacheinander entstehenden Gehölzbestände unterschieden sich deutlich voneinander. Die ersten Bäume wiesen noch kein sekundäres, sondern nur ein primäres Dickenwachstum auf, ähnlich wie Palmen. Bei ihnen teilten sich nur an der Spitze der Gewächse Zellen. Nach ihrer Bildung verdickten sich die Stämme nicht weiter. Das bedeutete auch: Es wurden nicht in jedem Jahr neue Wasserleitbahnen gebildet, der Baum musste sein ganzes Leben hindurch mit denjenigen Versorgungsbahnen auskommen, die er von Anfang an besessen hatte. Diese Wasserleitbahnen durften also nicht beschädigt werden, etwa durch Frost. Die Bäume existierten nur unter den Bedingungen eines tropischen, frostfreien Klimas. Außerdem konnten sie nur dort wachsen, wo reichlich Wasser zur Verfügung stand. Denn die Saugkraft, mit der Wasser aus dem Bodenbereich bis in viele Meter hohe Wipfel transportiert wurde, war bei diesen Gewächsen noch nicht sehr groß.

Hinzu traten Bäume, in denen es bereits ein sekundäres Dickenwachstum gab. Das waren die Siegel- und Schuppenbäume, die zu den Bärlappgewächsen zählen, baumförmige Schachtelhalme und farnartige Gewächse. Reste von abgestorbenen Siegel- und Schuppenbäumen hat man in Ablagerungen der Steinkohle gefunden, beispielsweise im Ruhrgebiet, und zwar in riesigen Mengen. Man weiß, dass diese Gewächse bis zu dreißig Meter hoch wurden, und sie konnten einen Durchmesser von über zwei Metern erreichen. Die Bäume wuchsen in Sümpfen. Auch einfach gebaute Leitgewebe reichten aus, um den ganzen großen Baum mit Wasser zu versorgen. Diese Bäume hatten kleine, nadelförmige Blätter, von denen aus nur wenig Wasser an die Atmosphäre abgegeben werden konnte. Nur so war gewährleistet, dass die Pflanzen nicht vertrockneten, obwohl sie doch bei ihrem Wachstum im Sumpf überreichlich mit Wasser versorgt werden konnten. An trockeneren Orten, wo man heute auf die meisten Wälder stößt, hätte für die Bäume der Steinkohlenzeit nicht genug Wasser zur Verfügung gestanden.

Abb. 2: Landpflanzen des Karbons, Grafik von Edouard Riou, 1863

Wenn die Bäume aus Altersgründen abstarben und umfielen oder vom Sturm umgerissen wurden, blieben ihre Stämme bis heute so gut erhalten, dass man sehr viele anatomische Details noch immer erkennen kann. Denn sie wurden unterhalb des Grundwasserspiegels im Sumpf abgelagert und dort nicht von Mikroorganismen abgebaut. Lebewesen, die organische Stoffe wie Zellulose oder Lignin zerlegen, benötigen freien Sauerstoff, der in einem Sumpf nicht oder nicht in für sie ausreichender Menge zur Verfügung steht.

Aus den toten Stämmen bildete sich zunächst Dauerhumus oder Torf, auf dem dann weitere Ablagerungen deponiert wurden. Der Torf wurde zusammengepresst und dabei zu Stein verfestigt, zuerst zu Braun-, dann zu Steinkohle. Im Zuge dieses Prozesses fand eine Inkohlung statt; dabei wurde unter großem Druck aus Kohlenwasserstoffen reine Kohle. Solange sie nicht verbrannt wird, bildet sie einen riesigen Kohlenstoffspeicher tief im Erduntergrund.

Zum Ende der Karbonzeit und am Beginn der nachfolgenden Epoche, des Perms, wuchsen die ersten Vorläufer von heutigen Nadelbäumen auf der Erde. Damals existierten die ersten Bäume, die Jahresringe besaßen. Als Fossilien blieben die Strukturen bis heute erhalten. Daraus lässt sich ableiten, dass es nicht nur Wälder gab, deren Bäume wegen der tropenähnlichen klimatischen Bedingungen ständig wachsen konnten, sondern auch andere, in denen eine Phase des Wachstums und eine der Wachstumsruhe miteinander abwechselten. Die Ruhephase konnte durch jährlich auftretende trockene oder kalte Witterungsbedingungen ausgelöst sein. Sowohl Phasen des Regenmangels als auch der Kälte wirkten sich auf die Bäume als Trockenzeiten aus. Sie wuchsen dann nicht weiter und bildeten erst wieder neue Zellen, wenn die Witterungsbedingungen günstiger geworden waren.

Nadelbäume oder Koniferen (das bedeutet übrigens: Zapfenträger) wurden schon frühzeitig zu typischen Gewächsen trockener Gebiete und grundwasserferner Böden. Durch Leitbahnen mit einem recht kleinen Lumen, deren Zellen man Tracheiden nennt, kamen nicht sehr große Wassermengen in die Stämme hinein. Die in den engen Leitzellen wirksamen Kapillarkräfte sorgten aber dafür, dass dort Wasser festgehalten wurde. In gleichmäßigen, aber recht geringen Mengen gelangten Wasser und Mineralstoffe aus dem Wurzelbereich auch in weit vom Erdboden entfernte Kronenbereiche des Baumes, und zwar sowohl in feuchteren Witterungsperioden als auch dann, wenn weniger Wasser zur Verfügung stand. Dann konnte Wasser in den engen Röhren durch Kapillarkräfte festgehalten werden.

Nadelbäume breiteten sich vor allem in gemäßigten Bereichen der Erde unter den Bedingungen eines von Jahreszeiten bestimmten Klimas aus. Spätestens vor etwa 150 Millionen Jahren, am Ende der Jura- oder dem Beginn der Kreidezeit, vielleicht aber auch schon früher, gab es Angiospermen und damit eigentliche Blütenpflanzen auf der Welt. Alle unsere Laubbäume sind Angiospermen. An vielen Orten verdrängten sie Nadelbäume, weil sie schneller wuchsen und Fotosynthese in größerem Umfang betreiben konnten. Die Blätter der Laubbäume sind größer als Nadeln, die Blätter der Koniferen. Die Sonne trifft bei Laubbäumen auf mehr Zellen, die Fotosynthese betreiben, als bei Nadelbäumen. Und die Laubbäume haben ein leistungsfähigeres

Leitbahnensystem für Wasser und Mineralstoffe. Es gibt bei ihnen zusätzlich zu den Tracheiden, die auch bei Nadelbäumen vorhanden sind, große Tracheen, deren Zellen weitlumige Röhren bilden. Es ist immer schwierig zu sagen, «warum» sich solche Strukturen bei bestimmten Bäumen ausbildeten, bei anderen nicht. Bei Laub- und Nadelbäumen können Wasser und Mineralstoffe in trockenen Phasen in den kleinen Tracheiden transportiert werden. Bei einem hohen Wasserangebot gelangt aber durch die großen Tracheen viel mehr Wasser in einen Laubbaum, und das ist gerade im Frühjahr in den gemäßigten Breiten wichtig: Daher entwickeln sie sich im Frühholz.

Insgesamt gab es also im Lauf der Erdgeschichte immer wieder andere Wälder. Es wuchsen neue Pflanzen empor, die früher entstandene Typen verdrängten. Das «Kommen und Gehen» von Waldtypen, das natürlich eine außerordentlich geringe Geschwindigkeit hatte, lief zur gleichen Zeit ab wie ein ebenfalls sehr langsamer Prozess an der Erdoberfläche: die Kontinentalverschiebung. Kontinentalmassen bewegten sich im Lauf der Jahrmillionen in ganz geringer Geschwindigkeit von gemäßigten in arktische Breiten oder in die Tropen und wieder zurück. Dabei trennten sie sich voneinander, so dass sich auch Wuchsgebiete von Pflanzen voneinander separierten. Die Gewächse entwickelten sich fortan unabhängig voneinander, es entstanden unterschiedliche Pflanzenarten. Kontinentalmassen stießen auch aneinander; einen schon viele Millionen Jahre andauernden Zusammenstoß von Kontinentalmassen «erleben» wir «derzeit» in Europa. Denn Afrika wandert nach Norden und kollidiert mit den Kontinentalmassen, die Europa bilden. Dabei kann es zu einem Austausch von Florenelementen aus Afrika und Europa kommen. Der «Zusammenstoß» der beiden Kontinente führte zur Bildung der Alpen und benachbarter Hochgebirge wie den Pyrenäen und den Karpaten. Sie bilden heute eine von West nach Ost verlaufende Barriere in Europa, die es erschwert, dass sich Pflanzen von der einen Seite der Hochgebirge auf deren andere ausbreiten können.

Während der Kontinentalverschiebung änderten sich im Lauf von sehr langen Zeiträumen die Selektionsbedingungen, und zwar vor allem in Abhängigkeit von den verfügbaren Wassermengen. Im Lauf der Zeit entstanden Wälder an immer mehr Standorten, in Abhängigkeit davon, dass es mit der Zeit immer mehr Baumarten gab, die auch auf trockeneren Standorten und in kälteren Regionen existieren konnten. Je besser Wasser in den Bäumen transportiert werden konnte, desto mehr Standorte konnten von Wäldern besiedelt werden. Im Lauf der Zeit entwickelten sich also auch immer mehr verschiedene Wälder, in denen zunehmend mehr Kohlenstoff gespeichert wurde. Und der Sauerstoffgehalt der Atmosphäre nahm ständig weiter zu.

Mit der Pflanzenwelt gemeinsam entwickelte sich die Fauna. Manche Meeresstraßen zwischen den Kontinentalmassen blieben für etliche Tiere besser überwindbar als für Pflanzen.

Es ist möglich, dass der Ablauf der Evolution außerdem durch Katastrophen wie den Einschlag eines riesigen Meteoriten auf der Halbinsel Yucatán in Mexiko beeinflusst wurde, der vor etwa 66 Millionen Jahren zur Bildung des Chicxulub-Kraters führte. Dabei kam es zu einer gewaltigen Explosion, zur Bildung einer Flutwelle, zur Freisetzung von Gasen, und die riesigen Mengen an Staub schränkten die Fotosynthese ein. Dies veränderte mit Sicherheit die Evolutionsrichtungen der Lebewesen auf der Erde; viele Arten von Lebewesen verschwanden. Wir wissen das deshalb, weil die Fossilienzusammensetzung der Kreidezeit, vor dem Einschlag, eine andere war als diejenige des Paläogens, das man früher als den älteren Abschnitt des Tertiärs bezeichnete. Viele Typen von Tieren und Pflanzen aber gab es auch vor und nach dem Meteoriteneinschlag, und die Evolution sehr vieler Gruppen von Arten setzte sich auch danach fort.

Nach jeder Katastrophe entwickelten sich neue Wälder. Insgesamt nahm die von Wäldern bedeckte Fläche zu. Und auch Pflanzen wuchsen an immer mehr Standorten: zunächst nur im Meer, dann in der Nähe des Meeres, in Sümpfen, an anderen feuchten, dann auch immer trockeneren Stellen. Und an allen Orten setzten sich diejenigen Gewächse am besten durch, die die größte Fotosyntheserate besaßen und am effizientesten Wasser vom Erdboden in große Höhen transportieren konnten. Die damit zusammenhängenden Vorgänge sind bis heute nicht abgeschlossen. Im Prinzip laufen sie immer weiter ab, solange es Leben auf der Erde gibt.

4. Der Wald als Ökosystem

Ein Wald besteht nicht nur aus Bäumen. Die Gehölzpflanzen sind vielmehr in komplexe Ökosysteme eingebunden. Dabei muss zunächst von ökosystemaren Verbindungen zwischen Bäumen und eher unauffälligen Lebewesen die Rede sein; einige von ihnen sind Einzeller, die man nur unter dem Mikroskop sehen kann. Sie sind viel wichtiger als die Tiere, die von allen anderen Organismen im Ökosystem abhängig sind. Der einzige grundsätzlich wichtige Stoffwechselprozess, der von Tieren geleistet werden kann, ist nämlich die Atmung, bei der organische Substanz unter Sauerstoffverbrauch zerlegt wird. Dabei wird chemische Energie, die in organischen Stoffen gespeichert wurde, für den Organismus nutzbar gemacht. Diese organischen Stoffe müssen Tiere als Nahrung aufnehmen, entweder durch das Fressen von Pflanzen oder von anderen Tieren, die die organische Substanz bereits vor ihnen aufgenommen hatten. In den grünen Teilen von Pflanzen findet zusätzlich die Fotosynthese statt. Kein Tier kann leben, ohne dass Pflanzen in seiner Umgebung existieren, denn in ihnen wird organische Substanz aufgebaut, die sowohl von den Pflanzen als auch von den Tieren wieder abgebaut wird, wobei Energie für den Organismus nutzbar gemacht wird. Dies gilt natürlich auch für den Menschen.

Die meisten Pflanzen können dagegen leben, ohne dass sich Tiere in ihrer Umgebung befinden. Aber sie sind mehr oder weniger stark auf Stoffwechselleistungen von Bakterien und Pilzen angewiesen, die innerhalb des Ökosystems eine besondere Bedeutung haben. Mit einigen von ihnen gehen Bäume eine Symbiose ein. Unter einer Symbiose versteht man in der Biologie ein «Zusammenleben», eine Verbindung von Lebewesen verschiedener Arten, die alle von dem Zusammenschluss profitieren. Bei vielen Bäumen, auch bei vielen anderen Höheren Pflanzen kommt es zu einer Verbindung von Wurzeln und Pilzen. Diese Symbiose nennt man Mykorrhiza; «mykes» ist die altgriechische Bezeichnung für Pilz, «rhiza» für Wurzel.

Pilze hielt man noch vor wenigen Jahrzehnten für Pflanzen, heute ordnet man sie als ein eigenes «Reich» in das System der Lebewesen ein – weitere «Reiche» sind Pflanzen und Tiere. Sowohl mit Pflanzen als auch mit Tieren haben Pilze Gemeinsamkeiten: Sie sitzen fest – wie Pflanzen und im Gegensatz zu den meisten Tieren, die sich bewegen können. Sie betreiben ebenso wenig wie Tiere Fotosynthese, was aber charakteristisch für die meisten Pflanzen ist. Pilze bilden feine Zellfäden aus, die man Hyphen nennt. Die darin hintereinander angeordneten Zellen sind durch keine Wände abgetrennt, so dass die Hyphen fadendünnen, langen Röhren ähneln, in denen Plasmaströme fließen können. Aus vielen Hyphen entsteht ein weitreichendes Mycel, in dem verschiedene Substanzen transportiert werden: Wasser, Mineralstoffe aus dem Boden und Nährstoffe in Form von Zuckermolekülen, die eine Pflanze bei der Fotosynthese aufbaut. Pilzhyphen können sich erstaunlich weit erstrecken, große Teile eines Waldes gewissermaßen unterwandern. Sie stellen dann eine Verbindung zwischen einzelnen Waldbäumen her. In Nordamerika hat man Mycele vom Hallimasch gefunden, die eine Ausdehnung von mehreren hundert Hektar haben. Aber ein solches Gebilde ist nur sehr schwer exakt zu erforschen. Man muss sich vor Augen halten, wie dünn Pilzhyphen sind. Sie über Kilometer zu verfolgen, ohne sie zu beschädigen oder nebeneinander liegende Röhren zu verwechseln, ist nur unter großen Schwierigkeiten möglich. Auch wachsen Hyphen aufeinander zu, verbinden sich miteinander. Wenn man davon ausgeht, dass Hyphen mit einer Geschwindigkeit von zwanzig Zentimetern pro Jahr wachsen, muss ein derart großes Mycel über zweitausend Jahre alt sein. Es weist damit ein höheres Alter auf als sämtliche Bäume, mit denen es eine Mykorrhiza eingegangen ist. Während der Lebenszeit eines Pilzes sind seine Hyphen in immer wieder andere Baumwurzeln eingedrungen. Bäume und Pilze erreichen also ein unterschiedliches Alter und sind daher kein als konstantes Gebilde bestehender «Superorganismus Wald», wie man behauptet hat, sondern eine Lebensgemeinschaft, in der sich immer wieder andere Baum- und Pilzindividuen miteinander verbinden.

Im Frühjahr, wenn die Bäume und viele andere Pflanzen, die ebenfalls eine Mykorrhiza besitzen, besonders rasch wachsen, benötigen sie große Mengen an Wasser und Mineralstoffen, beispielsweise Kalium, Magnesium und chemische Verbindungen, die Stickstoff und Phosphor enthalten. Diese entnehmen sie nicht nur dem Boden, sondern auch der Mykorrhiza. Mit einer Mykorrhiza wachsen sie natürlich schneller als ohne den Symbiosepartner. Den Sommer über wird in den Pflanzen eine große Menge an Nährstoffen in Form von Zucker produziert. Diese Nährstoffe wandern in den Leitbahnen in alle Teile der Pflanze. In einem Baum werden dann die dickwandigen Spätholzzellen aufgebaut, und zwar im Stamm und in der Wurzel. Zu dieser Jahreszeit braucht der Baum viel weniger Mineralstoffe als im Frühjahr. Dann gelangt ein Teil der Nährstoffe aus der Pflanze in die Hyphen. Der Zucker aus ihnen wird im Organismus des Pilzes umgebaut. Wenn der Pilz genügend Nährstoffe aus der Pflanze abgezapft hat, entstehen daraus die für viele Pilze charakteristischen Sporenträger, die landläufig «Pilze» genannt werden. Pilzsammler entdecken sie zu der Jahreszeit im Wald, wenn sich in den Bäumen und nachfolgend auch in den Pilzhyphen genügend Nährstoffe angesammelt haben: im Spätsommer und im Herbst, der «Saison» für Pilzsucher im Wald. Viele Sporenträger der Pilze findet man nur unter bestimmten Bäumen, Goldröhrlinge nur unter Lärchen, Birkenpilze unter Birken, Pfifferlinge und Steinpilze besonders unter Fichten, aber auch unter anderen Bäumen. Beim Pilzsammeln kommt es darauf an, die Mycele im Boden nicht zu beschädigen, weshalb immer wieder empfohlen wird, die Sporenträger mit dem Messer abzuschneiden und nicht einfach die «Pilze» aus dem Boden zu reißen. Dabei werden nämlich die eigentlichen Hauptteile des Pilzkörpers beschädigt, so dass die Röhren der Hyphen und der Mycele fortan unterbrochen sind und für die Symbiose mit Bäumen nicht mehr zur Verfügung stehen.

Der größte Teil der erdnahen Atmosphäre besteht aus Stickstoff; er kann aber nur von wenigen Organismen, nämlich Bakterien, aufgenommen werden. Zu den Bakterien gehören die Cyanobakterien, die man früher Blaualgen nannte. Einzellige Bakterien sind die einzigen Organismen, die Stickstoff in eine Form bringen können, die alle Organismen benötigen, nämlich vor allem zum Aufbau von Aminosäuren, aus denen Eiweiß besteht, und für die Bildung von Nukleinsäuren, in denen das Erbgut aller Organismen enthalten ist. In Pflanzen wird Stickstoff zudem in das Chlorophyll eingebaut. Pflanzen nehmen die von Bakterien abgegebenen Substanzen, die Stickstoff enthalten, entweder direkt über die Wurzeln oder über das «Bindeglied» der Hyphen einer Mykorrhiza aus dem Boden auf. Tiere müssen Pflanzen (oder auch andere Tiere) fressen, um Stickstoffverbindungen zu erhalten. Auch der Stickstoff und zahlreiche andere Mineralstoffe, die wir Menschen brauchen, sind einmal aus dem Boden in eine Pflanzenwurzel gelangt.

Im Boden und auch in Gewässern gibt es freilebende Bakterien, die Stickstoff aus der Luft fixieren. Einige Pflanzen, darunter Waldbäume, bilden überdies mit speziellen Bakterien an ihren Wurzeln Symbiosen. Zu ihnen gehören die Robinie, auch Falsche Akazie genannt, und andere Schmetterlingsblütler, an deren Wurzeln Knöllchenbakterien der Gattung Rhizobium sitzen. Außerdem gibt es eine spezielle Symbiose der Erlen, die Actinorhiza genannt wird. Die Symbionten der Erle sind die sogenannten Strahlenpilze oder Actinomyceten, die aber, wie man heute weiß, keine Pilze, sondern Bakterien sind. Nur Bakterien können Stickstoff fixieren, Pilze sind dazu nicht in der Lage. Grauerlen an Gebirgsflüssen, Grünerlen im Hochgebirge und Schwarzerlen in Bruchwäldern erhalten von ihren Symbionten nicht nur selbst Stickstoffverbindungen, sondern sie düngen damit ihre Umgebung, etwa wenn sie ihr Laub abwerfen, das dabei noch teilweise grün ist, also noch Chlorophyll enthält, in dem Stickstoff vorhanden ist. Im Erlenbruchwald befinden sich daher die natürlichen Wuchsorte von Gewächsen, die wir heute hauptsächlich als Stickstoff im Boden anzeigende Unkräuter kennen: Brennnessel, Klettenlabkraut oder Kratzdisteln. Auch der Sanddorn geht eine Symbiose mit Actinomyceten ein; damit werden so viele Stickstoffverbindungen akkumuliert, dass der viel Stickstoff benötigende Schwarze Holunder neben dem Sanddorn auf Dünen der Nordseeinseln gedeiht. Dort entsteht zwar kein Wald, aber doch ein hohes Gebüsch – und das auf einem eigentlich reinen Sandboden, der ohne Sanddorn und Bakterien nicht viele Mineralstoffe enthalten würde.

Bakterien und Pilze haben noch eine völlig andere Bedeutung für Waldökosysteme. Einige Arten in diesen Organismengruppen enthalten Enzyme, die Zellulose und Lignin zersetzen können, Holz also verfaulen lassen und abbauen. Je älter ein Baum wird, desto eher weist er Beschädigungen auf, durch die Holz abbauende Lebewesen in ihn eindringen können. Die Beschädigungen werden beispielsweise durch das Abbrechen von Seitenästen oder auch nur durch das Aufreißen der Borke ausgelöst. Ist genügend Feuchtigkeit vorhanden, die die Holz abbauenden Organismen benötigen, kann die Zerstörung des Baumes rasch voranschreiten. Einige Pilze bilden Sporenständer aus, so zum Beispiel der Zunderschwamm, dessen Hauptachse immer horizontal zum Stamm liegt. Ist das Holz weitgehend abgebaut, stürzt der absterbende Baum um. Die «alten» Zunderschwämme stehen dann vertikal am Stamm. An ihnen bilden sich keine Sporen mehr; vielmehr entsteht ein neuer Sporenständer, der erneut horizontal angeordnet ist und damit im rechten Winkel zum älteren Schwamm steht. Wichtig ist, dass der Sporenständer so gewachsen ist, dass sich unter ihm die Sporen entwickeln können. Sie sollten nicht nass werden, denn sie können nur in völlig trockenem Zustand vom Wind verbreitet werden. Das war bei dem älteren Sporenständer der Fall, der sich am stehenden Baum entwickelte, und ist es auch bei dem jüngeren, der erst am zu Boden gefallenen Stamm entstanden ist.

Die meisten anderen Pflanzen des Waldes haben nicht – wie Bakterien oder Pilze – eine direkte Verbindung zu den Bäumen. Sie stehen in Schichten übereinander, wobei die Menge an verfügbarem Licht, das für die Fotosynthese wichtig ist, im Wald von oben nach unten, von Schicht zu Schicht abnimmt.

Die erste Baumschicht ragt bis in höchste Höhen auf. Die

Abb. 3: Diese Sporenständer des Zunderschwamms entwickelten sich erst am Stamm, als dieser bereits umgestürzt war. Die Sporen reifen nur an der trockenen Unterseite der Sporenständer, vor Regen geschützt.

Blätter an den Baumkronen kommen in den vollen Genuss der Sonnenstrahlung. Wenn genügend Wasser vorhanden ist, kann in ihnen die Fotosynthese in vollem Umfang ablaufen. Allerdings geben die Blätter dieser Pflanzen auch am meisten Wasser ab, das entweder auf den Blattflächen verdunstet (Evaporation) oder von den Blättern abgegeben wird (Transpiration). Beide Vorgänge der Wasserabgabe von Blättern fasst man als Evapotranspiration zusammen. An manchen Bäumen, beispielsweise Buchen, gibt es besondere Sonnenblätter, die etwas kleiner sind und einen dickeren Wachsüberzug haben als die Schattenblätter. Von den Sonnenblättern wird weniger Wasser abgegeben als vom im Schatten befindlichen Grün. An den Blättern der Baumkronen schließen sich die Spaltöffnungen besonders oft wegen Wassermangels. Dort kann es auch keinen Austausch an Gasen durch die Epidermis, die Blatthaut, geben, und die Fotosynthese läuft nur eingeschränkt ab oder wird ganz eingestellt.

Die Fotosyntheseleistung kleinerer Bäume, die in der zweiten Baumschicht stehen, ist geringer, weil ihnen Licht fehlt. Aller-

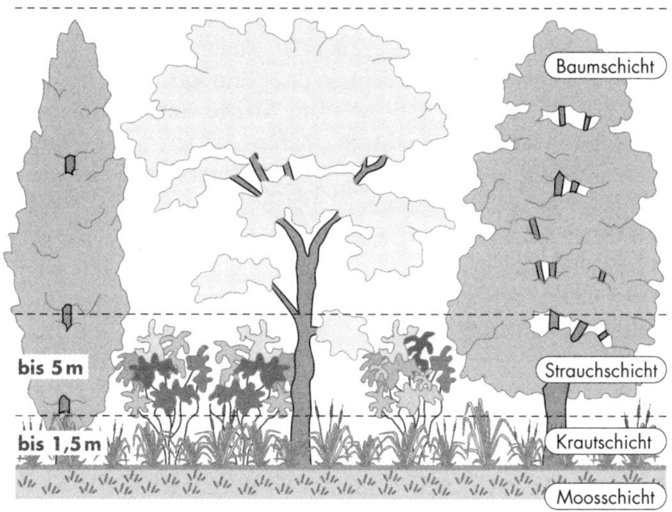

Abb. 4: Die Stockwerke des Waldes

dings schließen sich an ihren Blättern die Spaltöffnungen nicht so oft wie an den Bäumen der obersten Baumschicht. Wenn ein Baum der ersten Baumschicht entweder aus Altersgründen umfällt oder gefällt wird, kann der Baum der zweiten Baumschicht rasch nachwachsen. Dann nämlich kommt er in den Genuss von erheblich größeren Mengen an Sonnenlicht, das zuvor durch den Schattenwurf der großen Bäume nicht zu den kleinen Gehölzpflanzen vorgedrungen war.

In vielen Wäldern gibt es unter den alten und jüngeren Bäumen eine Strauchschicht, die umso besser ausgebildet ist, je lichter der Wald ist. In der Strauchschicht findet man nicht nur Büsche wie die Hasel oder die Heckenkirsche, sondern auch kleine, nachwachsende Bäume, die vor allem dann in die Höhe kommen, wenn sich über ihnen eine Lichtung auftut.

Am Boden des Waldes ist die Krautschicht ausgebildet. In einem dichten, dunklen Wald können hier nur wenige Gewächse den ganzen Sommer über Fotosynthese betreiben, beispielsweise verschiedene Arten von Farnen, die Haargerste, der Sauerklee oder die Waldsimse. Ist im frühen Frühjahr das Laub der Bäume aber noch nicht oder nicht vollständig ausgetrieben, so dringt eine ganze Menge Licht an den Waldboden vor, und man findet in der Krautschicht eine große Menge von Pflanzen. Man bezeichnet sie als Frühjahrsgeophyten, die streng genommen keine Kräuter, sondern Stauden sind. Kräuter haben eine kurze Lebensdauer, während Stauden langlebige Pflanzen sind. Zu diesen Gewächsen gehören beispielsweise das Buschwindröschen, das für ein paar Wochen im Jahr ganze Blätter- und Blütenteppiche am Waldboden ausbildet, Gelbstern und Blaustern, Schlüsselblume, Lungenkraut und Lerchensporn. Frühjahrsgeophyten besitzen Zwiebeln oder andere Speicherorgane, die unmittelbar unter der Erdoberfläche das ganze Jahr überdauern und dafür sorgen, dass die Pflanze viele Jahre lang am Leben erhalten bleibt, obwohl man sie die meiste Zeit nicht sehen kann. Ihre Blätter und Blüten werden anfangs aus Reservestoffen gebildet, die dafür in den Speicherorganen im Boden zur Verfügung stehen. Erst wenn die Blätter grün sind, betreiben die Pflanzen Fotosynthese. Damit wird innerhalb von wenigen Wochen so viel Zellulose aufgebaut, dass die Pflanze Früchte und Samen ausbilden kann und außerdem genügend Reservestoffe gewinnt, die im folgenden Jahr für den nächsten Austrieb der Pflanzen wieder zur Verfügung stehen. Schließt sich das Kronendach der Bäume, wird das Chlorophyll abgebaut, so dass die Blätter vergilben und schließlich verschwinden. Im Juni sind die Blätter der Frühjahrsgeophyten kaum noch zu sehen. Die reifen Früchte und Samen hängen an schlaffen Stielen auf den Waldboden und werden dann verbreitet. Davon, wie dies bei etlichen Pflanzenarten geschieht, wird noch die Rede sein. Zu späterer Zeit als die Frühjahrsgeophyten erscheinen in bestimmten Wäldern lediglich noch einige wenige krautige Pflanzen, darunter Bärlauch und Waldmeister.

Ganz dicht am Erdboden gedeihen die Pflanzen der Moosschicht. Die Fotosyntheseleistung ihrer kleinen Blättchen ist gering. Zwischen den Blättchen wird eine Menge Wasser festgehalten. Viele Moose können zwar auch austrocknen und sich später wieder mit Wasser vollsaugen. Zumindest zeitweise muss

Abb. 5: Buschwindröschen in einem ehemaligen Niederwald in Dorset, im zeitigen Frühjahr

aber zwischen den Pflänzchen Wasser vorhanden sein, denn die Sporen, in denen das männliche genetische Material enthalten ist, erreichen die weiblichen Geschlechtszellen im Wasser schwimmend. Je dichter die Moosschicht in einem Wald entwickelt ist, desto mehr Feuchtigkeit kann dort gespeichert werden. Dies wirkt sich stabilisierend auf das Waldbinnenklima aus. Nach Regenfällen wird das Wasser von einem moosreichen Wald nur langsam abgegeben. In den Bächen, in denen das Wasser aus den Wäldern abfließt, kommt es in diesem Fall zu geringeren Hochwasserspitzen.

Einige Pflanzen im Wald gedeihen an besonderen Stellen. Misteln wachsen auf Bäumen und zapfen die Wasserleitbahnen an, so dass sie durch den Baum mit Wasser und Mineralstoffen aus dem Boden versorgt werden. Sie betreiben selbst Fotosynthese, denn sie haben ja grüne Blätter. Man bezeichnet sie als Epiphyten, weil sie auf Pflanzen wachsen, und auch als Halbschmarotzer, weil sie zwar Wasser und Mineralstoffe, nicht aber die organischen Nährstoffe aus dem Baum beziehen. Es gibt verschiedene Arten von Misteln, die sowohl auf Laub- als auch auf Nadelbäumen (Tanne, Kiefer) vorkommen. In tropischen Wäldern gibt es viel mehr Epiphyten als in den gemäßigten Breiten.

Auch Lianen oder Schlingpflanzen sind in tropischen Wäldern stärker verbreitet als in den Wäldern gemäßigter Breiten. Sie wachsen an den Stämmen in die Höhe, ohne ein Stützgewebe aus ligninhaltigen Zellen auszubilden; hierzulande sind sie charakteristisch für feuchte Wälder, denn zum raschen Wachstum brauchen sie viel Wasser und darin gelöste Mineralstoffe. Einheimische Lianen sind Efeu, Jelängerjelieber, Schmerwurz, Weinrebe, Waldrebe und Hopfen.

In heimischen Wäldern kann man insbesondere dort, wo viel Regen fällt, Flechten auf den Bäumen finden. Manche davon kann man als Epiphylle bezeichnen – Pflanzen auf Blättern tropischer Wälder, in denen gleichmäßig Feuchtigkeit verfügbar ist. Flechten hingegen wachsen vor allem an Stämmen und Ästen, von denen sie oft herunterhängen. Sie sind eine weitere Symbiose im Wald. Sie bestehen nämlich aus Pilzen und Algen. Die

Pilze liefern Wasser und Mineralstoffe, die Algen betreiben Fotosynthese, und deren Produkte ermöglichen nicht nur ein Wachstum der Algen, sondern auch der mit ihnen symbiontisch verbundenen Pilze. Flechten sind oft als eigene Arten von Organismen beschrieben worden, bevor man merkte, dass es sich eigentlich um zwei Lebewesen handelt. Das wirft natürlich die Frage auf, was denn ein Lebewesen ist: die separate Alge und der separate Pilz oder nur beide zusammen als eine Einheit? Und wenn man die Flechte in ihrer Gesamtheit aus Alge und Pilz als eigenen Organismus auffasst, hat es dann nicht auch Berechtigung, Baum und Pilz als einen zusammenhängenden Organismus zu sehen? Diese Frage lässt sich nur aus kultureller Sicht beantworten. Während wir die Flechte als einen Organismus (aus eigentlich zweien) auffassen, sehen wir Baum und Pilz separat. Dabei muss aber immer klar sein, dass die Flechte eigentlich aus zwei separaten Organismen besteht und dass Waldbäume durch Mykorrhizapilze miteinander verbunden sein können.

In einem Ökosystem werden alle grünen Pflanzen als Produzenten bezeichnet, denn in ihnen wird organische Substanz produziert. Weil in den Pflanzen aus einfachen Stoffen, vor allem Wasser und Kohlendioxid, im Zuge der Fotosynthese neue organische Substanzen aufgebaut werden, bezeichnet man grüne Pflanzen auch als Primärproduzenten. Die produzierte Substanz kann auch wieder abgebaut werden, und zwar durch die Zellatmung, zu der jede lebende Pflanzenzelle befähigt ist. Daher ist die Pflanze insgesamt nicht nur ein Produzent, sondern auch ein Konsument. Der Stoffumsatz in der Fotosynthese ist insgesamt stets größer als derjenige der Zellatmung, denn nicht alle aufgebaute organische Substanz wird veratmet; ein Teil davon wird in andere Stoffe umgebaut und bildet den Körper der Pflanzen. Dieser Stoffumbau lässt sich als Sekundärproduktion organischer Substanz bezeichnen. Die Symbionten der Bäume können keine organische Substanz aus einfachen Molekülen aufbauen. Sie beziehen organische Stoffe aus den Bäumen und sind daher Konsumenten. Mit den aufgenommenen organischen Substanzen machen sie zweierlei: Zum einen bauen sie daraus ihre eigenen Körper auf, sind also Sekundärproduzenten. Zum anderen zerlegen sie organische Substanz in einfache Moleküle und scheiden sie aus. Dabei leisten sie die Funktion eines Destruenten. Sie sind aber nicht, wie oft zu lesen ist, ausschließlich Destruenten, denn in ihnen entsteht zugleich auch eigene Körpermasse. So baut etwa der Zunderschwamm die organische Substanz eines Baumes ab, und es entstehen einfache Moleküle, etwa Wasser und Kohlenstoffdioxid. Einen Teil der organischen Stoffe baut sein Organismus aber auch in den eigenen Körper ein. Dies ist eine Form von Sekundärproduktion. Der Pilz ist also Konsument organischer Substanz aus dem Baum, Sekundärproduzent seines eigenen Körpers und Destruent, indem in ihm komplexe organische Baumsubstanz in einfache Moleküle zerlegt wird. Dies geschieht auch in dem Pilz durch Zellatmung: Die in der organischen Substanz des Baumes gespeicherte Energie wird zur Versorgung des Pilzes verbraucht. Er benötigt sie, um seinen eigenen Körper aufzubauen.

Eine ähnliche Funktion wie viele Pilze haben Tiere im Ökosystem. Sie nehmen organisches Material auf, das von Pflanzen produziert wurde. Anders als bei Pilzen besteht aber bei Tieren das Problem, dass sie Zellulose und Lignin, die häufigsten pflanzlichen Substanzen, nicht verdauen können. Dazu fehlen ihnen die notwendigen Enzyme, die als Zellulasen und Lignasen bezeichnet werden. Tiere können daher nur Pflanzenteile fressen, die arm an Zellulose und Lignin sind, oder sie gehen eine Symbiose mit Bakterien ein, die diese Stoffe zerlegen können.

Ohne die Mitwirkung von Symbionten können Tiere also nur wenige Teile von Pflanzen fressen. Aber es gibt viele Möglichkeiten der Spezialisierung, sich von bestimmten Pflanzenteilen zu ernähren. Einige Tiere fressen Früchte und Samen, andere Speicherorgane im Boden, wieder andere zapfen Phloembahnen der Rinde an. Weitere Tiere fressen Pollenkörner oder Nektar. Und dann gibt es noch zahlreiche Tiere, die sich von jungen Spross-, Blatt- und Wurzeltrieben der Pflanzen ernähren. Viele Tierarten nehmen nur einen der hier aufgezählten Pflanzenteile auf. Wie sich pflanzenfressende Tiere im Wald ernähren, zeigen die folgenden Beispiele.

Samen sind von einem Nährgewebe umgeben, das bei der frühen Entwicklung eines Keimlings verbraucht, aber auch von Tieren genutzt werden kann. Manche Samen sind in dem harten Kern einer Frucht geschützt, so dass nicht sie, sondern nur das Nährgewebe von den Tieren verdaut wird. Auf diese Weise frisst ein Vogel zwar Vogelbeeren, Vogelkirschen oder Walderdbeeren, Früchte von Schneeball oder Holunder, die Kerne passieren aber, ohne Schaden zu nehmen, den Magen und den Darm der Tiere und werden dann ausgeschieden, zusammen mit dem Kot, der Stickstoffverbindungen und Phosphat enthält. In dieser Ansammlung von Mineralstoffen kann der Same gut keimen. Von Vögeln gefressene und verbreitete Früchte sind häufig rot; Vögel können rote Farbtöne besonders gut erkennen. Amseln, Stare und Drosseln sitzen oft singend auf Zweigen von Bäumen oder Sträuchern am Waldrand, die man als «Warten» bezeichnet. Dort lassen sie dann immer wieder auch Kot mit den Samen fallen. Die von Vögeln verbreiteten Pflanzen wachsen besonders oft am Waldrand, und es ist möglich, dass sich mit ihnen der Wald ins Umland ausbreitet; denn unter den Sträuchern wachsen andere Gehölzpflanzen nach. Man nennt die Verbreitung von Pflanzen durch Vögel übrigens Ornithochorie.

Wildschweine fressen unter anderem Eicheln und Bucheckern. Die Fruchtbecher von Bucheckern können auch in ihrem borstigen Fell hängen bleiben; auf diese Weise werden die Samen der Buche an feuchte Plätze gebracht, an denen sich die Schweine suhlen. Dort können die Samen dann austreiben. Wildschweine graben aber auch die unterirdischen Knollen von Frühjahrsgeophyten aus, unter anderem vom Buschwindröschen, und ernähren sich davon. Zur Nahrung der Allesfresser gehören ferner Mycele von Pilzen und viele Tiere; auf der Suche nach Nahrung durchwühlen Wildschweine den Boden.

Eine ganze Reihe von Früchten enthalten zuckerhaltige Anhängsel, die von Ameisen gesammelt und transportiert, später auch von den Larven gefressen werden. Eine solche Verbreitung der Samen wird Myrmekochorie genannt. Die Tiere fressen die Anhängsel, die man als Elaiosomen bezeichnet, und lassen die Samen liegen, die dann keimen. Elaiosomen haben beispielsweise die Früchte von Veilchen, Buschwindröschen und Leberblümchen, also von Frühjahrsgeophyten, die im späten Frühjahr und im Frühsommer reife Früchte hervorbringen. Ameisen fressen auch Walderdbeeren und transportieren dabei die kleinen, auf den Scheinfrüchten sitzenden Kerne, die eigentlichen Früchte, zu anderen Orten, wo sie dann keimen.

Haselnüsse, Eicheln und andere hartschalige Früchte werden entweder sofort von Eichelhähern oder Eichhörnchen als Nahrung genutzt oder auch im Boden vergraben. Der «Vorrat» wird später wiedergefunden, und wenn das nicht geschieht, treiben die Pflanzen aus den im Boden vergrabenen Samen wieder aus. Blattläuse und die Larven von Borkenkäfern zapfen Phloembahnen an und ernähren sich von dem darin transportierten Zucker, vor allem aber von Eiweiß. Den Zucker scheiden Blattläuse zum großen Teil wieder aus; er dient dann anderen Tieren zur Nahrung, unter anderem Bienen, die aus den Ausscheidungen von Blattläusen Waldhonig machen. Blattläuse sitzen auf den Blättern, auch auf Nadeln. Die Larven der Borkenkäfer dagegen schaffen charakteristische Bahnen unter der Rinde von Bäumen und zapfen dabei zahlreiche Phloemzellen an; die zuckerhaltigen Säfte sind eine hochwertige Nahrung für die Tiere. Die Käfer legen die Eier vor allem in ältere, dickere Bäume, bei denen die Spannung der Rinde nicht so stark ist wie bei jungen Gehölzpflanzen.

Pollenkörner und vor allem Nektar werden vor allem von Insekten gefressen, die beim Besuch der Blüten diese auch noch bestäuben oder befruchten. Allerdings werden nur einige Baumarten von Insekten besucht, darunter die verschiedenen Arten von Linde und Ahorn. Die meisten anderen Bäume, etwa Eiche, Buche, Tanne und Fichte, lassen ihren Pollen vom Wind verwehen.

Viele Insekten, aber auch Rehe und Hirsche fressen die frischen Triebspitzen von Pflanzen. Diese zellulosearmen Triebe gibt es nur an wenigen Tagen im Frühjahr, und nur an diesen Tagen können Insekten wie Maikäfer und Frostspanner großen Schaden an den Pflanzen anrichten. Manchmal kommt es vor, dass ganze Wälder kahlgefressen werden. Oft ernähren sich die

Insekten nur von den inneren Teilen der Blätter und erzeugen auf diese Art und Weise einen sogenannten Fensterfraß, bei dem die schon weiter entwickelten Zellen in der Umgebung der Blattadern zurückbleiben, weil sie mehr Zellulose enthalten.

Bei dieser Ernährungsweise wird das bereits genannte Charakteristikum heimischer Wälder deutlich, sich in Abhängigkeit von den Jahreszeiten zu entwickeln. Nahrung ist für viele Tiere nur zu bestimmten Zeiten im Jahreslauf verfügbar. Oft lässt sich beobachten, dass die Entwicklung von Pflanzentrieben und die der Insekten nicht ganz genau synchron ablaufen. Wenn die Tiere nach Nahrung suchen, die Pflanze aber noch keine frischen Triebe aufweist, kann sich die Insektenart im gesamten Jahr nur geringfügig vermehren. Gleiches ist der Fall, wenn die Insekten zu spät in den Wäldern einfallen, dann nämlich, wenn die meisten Blattzellen schon viel Zellulose enthalten. Nur dann, wenn Käfer oder Schmetterlinge in genau dem Zeitfenster erscheinen, in dem die jungen Triebe gebildet werden, können sich die Tiere stark vermehren und werden die Pflanzen zugleich massiv geschädigt. Dann finden auch Vögel reichlich Nahrung in Form von Insekten und deren Larven. Optimal verläuft die Aufzucht der Jungvögel dann, wenn sie gerade zu dem Zeitpunkt erfolgt, in dem auch viele Insekten als Nahrung zur Verfügung stehen – und das ist bei vielen Insektenarten nur wenige Tage lang der Fall. Günstig wirkt sich da natürlich eine große Vielfalt an Insektenarten aus, denn keineswegs entwickeln sich ja alle Arten dieser kleinen Tiere zur gleichen Zeit. Der bei uns häufige Junikäfer erscheint beispielsweise erst einige Wochen nach dem Maikäfer. In diesem Fall verraten das schon die Namen der Tiere.

Vögel haben im Gegensatz zu Insekten eine stets gleich hohe Körpertemperatur. Insekten entwickeln sich im Jahreslauf abhängig von den höher werdenden Temperaturen, die Entwicklung der Vögel wird dagegen eher durch das zunehmende Licht angeregt. Die Vögel beginnen zu singen, wenn die Tage länger werden, es aber durchaus noch kalt sein kann. Dann begatten sie sich, und die Eier wachsen zu einer Jahreszeit heran, in der womöglich noch kaum Insekten zu finden sind.

Ganz andere Bedingungen für Pflanzenfresser herrschen in tropischen Wäldern. Viele tropische Pflanzen blühen das ganze Jahr über. Kontinuierlich bilden sie junge Blätter, und stets sind irgendwo reife Früchte und Knollen im Boden verfügbar. Dort kann also stets Nahrung aufgenommen werden, und die Tiere sind nicht darauf angewiesen, sich an wenigen Tagen zu bestimmten Jahreszeiten zu entwickeln.

Gleichmäßigere Ernährungsbedingungen haben überall Wiederkäuer. Sie leben in einer Symbiose mit Organismen, die Zellulose zerlegen können. Rehe und Hirsche rupfen sowohl Triebspitzen von Bäumen ab als auch Gras und Kräuter vom Boden. Sie sind dabei aber erstaunlich wählerisch: Triebe von Tannen fressen sie häufiger als die harzreicheren jungen Teile von Fichten. Knoblauchsrauke und Giersch fressen sie erheblich häufiger als Klettenlabkraut und Springkraut. Von dem abgerupften Pflanzenmaterial ernähren sich zunächst Bakterien im Verdauungssystem der Tiere. Rehe und Hirsche fressen beim Wiederkäuen die Mikroorganismen, die die Zellulose zerlegt und in ihre Körper eingebaut hatten.

Es besteht nicht nur eine einzige Nahrungskette im Wald, entlang derer zunächst organische Substanz aufgebaut oder produziert wird, dann von Pflanzenfressern konsumiert wird, die wiederum von Fleischfressern konsumiert werden. Vielmehr kann man ein regelrechtes Nahrungsnetz erkennen, innerhalb dessen viele Pflanzenarten organische Substanz produzieren und fressen. Fleischfresser ernähren sich von vielen Tierarten, und auch sie werden wiederum von mehreren anderen Arten von Tieren erbeutet. Alle Tierarten konsumieren nicht nur organische Substanz, sondern produzieren auch ihre eigenen Körper. Mit dieser Sekundärproduktion geht der Abbau von organischer Substanz einher: Alle Tiere scheiden Exkremente aus, in denen beispielsweise Stickstoff und Phosphor enthaltende Substanzen in niedermolekularer Form vorhanden sind. Aber diese Exkremente enthalten auch noch organische Substanzen, die beispielsweise Nahrung für Mistkäfer sind. Sie bauen daraus ihre Körper auf, und ebenfalls scheiden sie zugleich anorganische Stoffe aus. Das Gleiche gilt für Regenwürmer und viele Bodentiere. Sie sind nicht nur Destruenten, sondern ebenfalls wie andere Tiere Konsumenten und Sekundärproduzenten. Aus pflanzlicher Nahrung oder über «Zwischenglieder» von Tieren entsteht sowohl der Körper von Bodentieren und im Untergrund lebenden Mikroorganismen als auch die niedermolekulare Substanz. Kein Lebewesen ist allein Sekundärproduzent von Körpersubstanz oder allein Destruent, der organische Substanz zu niedermolekularen Stoffen zerlegt. Stets sind Sekundärproduktion und Destruentenfunktion im Nahrungsnetz miteinander kombiniert.

5. Sukzessionen im Wald

Das gesamte Ökosystem des Waldes darf nicht als ein starres Gebilde aufgefasst werden. Es verändert sich im Lauf der Zeit vor allem aufgrund von zwei Hauptfaktoren. Der erste ist das Wachstum und Absterben der im Wald lebenden einzelnen Lebewesen, der zweite die Sukzession, in deren Verlauf immer wieder andere Organismen aufeinanderfolgen können. Entweder durch Zufall oder durch Naturgesetze bestimmt, werden dabei einzelne Elemente eines Ökosystems durch andere ersetzt.

Man unterscheidet eine Primärsukzession von einer Sekundärsukzession. Eine Primärsukzession geht auf eine massive Umstellung der ökosystemaren Bedingungen zurück, beispielsweise eine markante Klimaschwankung: Um mehrere Grad ansteigende Temperaturen führen zu einer Veränderung des Ökosystems und seiner Vegetation. Dabei kommt es nicht nur zu einem Kommen und Gehen von Pflanzen- und Tierarten, sondern auch die Böden wandeln sich. Zu Primärsukzessionen kam es am Ende der Eiszeiten, die sich in den letzten zweieinhalb Millionen Jahren mehrmals mit Warmzeiten abwechselten. Aus weiten Bereichen des offenen Landes mit Böden, die heutigen Steppen- und Tundrenböden ähnelten, wurden Wälder mit Waldböden. Primärsukzessionen standen auch am Beginn jeder Kaltphase des Eiszeitalters, bei der Wälder abstarben oder alte Bäume nicht durch junge ersetzt wurden – wie das ablief, ist noch weniger bekannt als die Details der Primärsukzessionen am Beginn der Warmzeiten. Aber die Sukzessionen fanden statt: Wir wissen, dass die gemäßigten Zonen der Erde in den Warmphasen des Eiszeitalters oder Quartärs bewaldet waren, in den Kaltzeiten hingegen nicht.

Im Gegensatz zu den Primärsukzessionen gehen Sekundärsukzessionen nicht auf großräumig einwirkende Umweltveränderungen zurück, sondern setzen natürlicherweise kleinräumiger, auf einer Lichtung ein, die etwa durch das Absterben eines einzelnen Baumes entstand. Stürme oder Waldbrände können auch größere Lichtungen hinterlassen, aber nicht wie am Beginn oder Ende einer Eiszeit einen ganzen Waldgürtel zerstören oder neu entstehen lassen. In jedem Fall wird bei einer Sekundärsukzession ein Waldstück in relativ kurzer Zeit wieder von Waldbäumen bewachsen. Dabei verändert sich der Boden nicht: Ein schon entwickelter Waldboden ist auch am Ende der Sekundärsukzession immer noch ein Waldboden.

Alle Laubwälder der gemäßigten Zonen und die borealen Nadelwälder existierten während einer Eiszeit nicht. An ihrer Stelle dehnten sich weite Offenlandregionen aus, die wegen der damals grassierenden Kälte einer Tundra ähnelten. In ihnen herrschte aber auch große Trockenheit, so dass das Offenland auch Charakteristika einer Steppe aufwies. Es gab mehrere Eiszeiten; zu deren Beginn starben Wälder ab, an deren Ende, nach Tausenden von Jahren, breiteten sie sich im Zug von Primärsukzessionen wieder aus. In Europa blieben während der langen kalten Klimaphasen nur ganz kleine Waldgebiete erhalten, sogenannte Eiszeitrefugien, in denen oft nur ganz wenige Individuen der heute hierzulande verbreiteten Waldbäume standen. Die meisten dieser Refugien befanden sich unmittelbar an der Mittelmeerküste, wo das in kalten Phasen immer noch wärmere Wasser eine allzu große Schädigung der Bäume durch Frost verhinderte. Im Osten Asiens und in Nordamerika waren die Refugialgebiete größer.

Bei der vor allem in Europa geringen Zahl der Individuen von Baumarten, die eine Eiszeit überdauerten, kam es zu einer Verarmung der genetischen Vielfalt, und es konnte geschehen, dass sie sich im Zug von Primärsukzessionen nicht wieder an anderen Standorten etablierten. Manchen Baumarten gelang sogar nicht einmal eine Überdauerung der Tausende von Jahren währenden Kaltphase. Alle diese Baumarten starben aus. In jeder Eiszeit verschwanden mehrere Baumarten aus dem Arteninventar in Europa. Einige Arten gab es auch in Nordamerika bald nicht mehr, andere fehlten schließlich in Ostasien, aber längst nicht so viele wie in Europa. Laub- und Nadelwälder Europas sind daher heute bedeutend ärmer an Baumarten als vergleichbare Wälder in Nordamerika und Ostasien. Dort stößt man heute noch auf Gehölzpflanzen, die in Europa nicht mehr vorhanden sind, beispielsweise Magnolie, Roteiche, Sumpfzypresse und Tulpenbaum.

Es gab noch weitere Veränderungen der Vegetation von Warmzeit zu Warmzeit: Die heute in Europa häufige Rotbuche kam in früheren Zeiten seltener oder überhaupt nicht in Mitteleuropa vor, Hainbuche und Eibe waren in einzelnen Warmzeiten häufiger und weiter verbreitet als heute. Die heutigen Waldbilder gehen also nicht nur auf das gegenwärtige Klima zurück, sondern sind auch durch die Geschichte der Umwelt stark verändert worden, in deren Verlauf auch der Zufall darüber entschied, welche Pflanzenarten erhalten blieben und sich ausbreiten konnten und welche nicht. Daran zeigt sich, dass es – im Gegensatz zu verbreiteten Vorstellungen – keine Form von Vegetation gibt, die allein als «Klimaxvegetation» gelten kann und sich gewissermaßen gesetzmäßig in Abhängigkeit zu den klimatischen Verhältnissen einstellt. In jeder Warmzeit bestanden in der Laub- und Nadelwaldzone andere Formen von Vegetation.

Die Baumarten breiteten sich unterschiedlich rasch aus. Das hängt mit ihrer Verbreitungsbiologie zusammen. Die Früchte von Birken und Kiefern werden durch den Wind viel rascher verbreitet als beispielsweise Eicheln, die von Tieren transportiert werden. Birken wachsen im Licht empor, Tannen dagegen gedeihen besser, wenn sie innerhalb eines Waldes in die Höhe kommen und im Schatten anderer Bäume stehen. Daher konnten sich beispielsweise Birken rascher als Tannen etablieren.

Insgesamt begann die Ausbreitung der Wälder vor allem von den Orten aus, an denen sie bereits existierten. Von dort aus wurde zugleich der Bereich größer, in dem sich das Waldbinnenklima entwickelte. An jeder Stelle, an der sich ein Baum außerhalb des bestehenden Waldes neu etablierte, herrschte eine Konkurrenzsituation mit den dort zuvor existierenden Pflanzen. Konkret bedeutete das, dass sich eine junge Birkenpflanze zwischen existierenden Gräsern etablieren musste. Ihre Flugfrucht musste an einem Ort hängen bleiben, dort keimte die Saat. Und es mussten Sporen der Mykorrhizapilze am gleichen Ort landen, damit die Gehölzpflanzen rascher gedeihen konnten; Mineralstoffe waren an vielen der neu besiedelten Orte allerdings in großer Menge verfügbar. Dafür hatte die weiträumige Ablagerung von Löss durch den Wind während der Eiszeit gesorgt; im Löss waren und sind zahlreiche von Pflanzen benötigte Mineralstoffe enthalten. Stück für Stück wurden die Wälder größer. Tiere kamen in die Gebiete, in denen sich unter hoch gewordenen Birken und Kiefern bereits Ansätze eines Waldbinnenklimas herausgebildet hatten, und brachten – am Beginn der heute noch existierenden Warmzeit in Europa – Eicheln und Lindenfrüchte mit. Unter den Birken und Kiefern keimten nun auch andere Bäume, Eichen, Linden, Ulmen und Eschen, die allmählich die Herrschaft in den Wäldern übernahmen.

So entwickelten sich die Initialen von europäischen Wäldern in den letzten Jahrtausenden. In den vorausgegangenen Warmzeiten spielten sich andere Ausbreitungsvorgänge der Waldbäume ab, und auch in anderen Bereichen der gemäßigten Zonen, in Nordamerika und Ostasien, kam es in jeder Warmzeit des Quartärs zu anderen Abläufen von Primärsukzessionen.

Im Verlauf einiger Jahrtausende dehnte sich die Nordgrenze der Wälder in Europa von den Mittelmeerküsten bis in den Norden Skandinaviens aus. Man muss nicht unbedingt davon ausgehen, dass die Ausbreitung der Wälder am Rand der Tundra ein Ende fand. Dort gibt es auch heute eine Übergangszone zwischen Wald und Offenland, in der sich die Waldgrenze im Lauf der Zeit noch weiter nach Norden schieben kann. Dazu ist nicht einmal eine Klimaänderung notwendig; vielmehr wird immer

Abb. 6: Eichenwald

wieder ein Baumindividuum auch außerhalb des heutigen Waldes keimen. Die Pflanze wächst so lange, bis sie von starkem Frost zerstört wird. Aber das muss nicht geschehen; denn im Umkreis bestehender Wälder wird durch die Luftbewegungen aus dem Gehölzbestand der Frost abgemildert.

Wälder breiteten sich auch bis zu weiteren Grenzen aus, etwa bis dorthin, wo der Salzgehalt im Boden zu groß wird. Marschen an der Küste wurden daher nicht von Wäldern erobert. Sie blieben waldfrei, ebenso wie manche Moore, in denen es so nass war, dass die Baumwurzeln nicht mit Sauerstoff versorgt wurden. Häufige Überflutungen an Flüssen, vor allem starke Strömungen, die immer wieder Gehölzpflanzen zerstörten und feines Erdmaterial davontrugen, verhinderten ebenfalls ein dauerhaftes Aufkommen von Bäumen. In vielen Gebirgen entstand eine Wald- und Baumgrenze. Dort lässt sich ebenso wie an der Nordgrenze des Waldes beobachten, dass sich immer wieder einzelne Gehölzpflanzen im waldfreien Gebiet etablieren, dass sie aber immer wieder auch durch die Wirkung von Kälte, durch Schnee und Eis, die auf den Pflanzen liegenbleiben, oder durch

Wind am Wachstum gehindert werden. Wald- und Baumgrenzen bestehen nicht nur im Hochgebirge, wo sie vor allem durch Temperaturen bestimmt werden, sondern auch in Mittelgebirgen und nahe an den Küsten, wo sich die Wirkung des Windes, von Schnee und Eis stärker bemerkbar machen. So ist es wohl zu verstehen, dass es Waldgrenzen nicht nur in den Alpen, sondern auch in weniger weit aufragenden Mittelgebirgen gibt, in Mitteleuropa auf den höchsten Gipfeln im Schwarzwald, auf dem Brocken im Harz oder auf der Schneekoppe im Riesengebirge.

Je länger Wälder bestanden, desto häufiger kam es in ihnen zu Sekundärsukzessionen. Natürlicherweise laufen sie auf Lichtungen ab, von denen die meisten einfach dadurch entstehen, dass ein Baum der ersten Baumschicht umfällt und dabei möglicherweise noch weitere Bäume in seinem Umfeld mit sich reißt. Es gibt aber auch größere Lichtungen: Sie entstehen durch Windwurf oder durch Lawinen im Hochgebirge, durch einen Erdrutsch oder einen Waldbrand, auch durch einen massenhaften Insektenbefall.

Dann dringt plötzlich sehr viel Sonnenlicht an den Waldboden vor. Nun bekommen viele Waldpflanzen eine Chance, intensiver Fotosynthese zu betreiben und schneller in die Höhe zu wachsen. Aber auch weitere Pflanzen erscheinen dann plötzlich, die zuvor nicht zu sehen waren. Das sind die sogenannten Schlagflurpflanzen, deren Samen viele Jahrzehnte im Boden ruhen und dann schnell keimen, wenn sich im Wald eine Lichtung auftut. Dazu gehören Fingerhut und Königskerze oder auch die Erdbeere. Zeitweise gedeihen auf einer Lichtung aber auch Pflanzen, die wir für typische Offenlandgewächse halten. Viele Tiere kommen auf eine solche Lichtung, denn das Nahrungsangebot ist dort erheblich besser als im dunklen Wald. Beispielsweise kommt Gras hoch, das eine sehr gute Nahrung für Wiederkäuer ist, etwa mit der Folge, dass frische Triebspitzen von Gewächsen, die auf der Lichtung zu wuchern beginnen, von Pflanzenfressern abgeknabbert werden. Etliche Tiere bringen Samen und Früchte mit: Auf einer Lichtung können sich auch Pflanzen ausbreiten, die bisher in einem Wald nicht vorkamen. Für den Wan-

Abb. 7: Fichten, Buchen und Vogelbeeren an der Waldgrenze am Feldberg im Schwarzwald

del der Pflanzenartenzusammensetzungen von Wäldern haben Lichtungen, die immer wieder an anderen Orten im Wald entstehen, eine große Bedeutung. Neu sich ausbreitende Pflanzenarten haben auf jeden Fall eine größere Chance, sich auf einer Lichtung und im Zuge der Neuentwicklung von Wald zu etablieren als unter dem schattenden Schirm großer Bäume der ersten Baumschicht.

Auf der Lichtung besteht zeitweise kein Waldbinnenklima. Es entwickelt sich erst wieder, wenn die Pflanzen dort in die Höhe gewachsen sind. Lichtungen haben aber eine große Bedeutung für die Erneuerung des Waldes. Weil sich Lichtungen mal da, mal dort auftun und am Beginn von Sekundärsukzessionen von Licht liebenden Pflanzen und Tieren besiedelt werden, können zahlreiche Arten von Lebewesen auch innerhalb eines Waldes überleben, die man nicht unbedingt für Waldpflanzen und -tiere hält. Einige Waldtiere, beispielsweise Rehe, benötigen das Nahrungsangebot von Lichtungen. Sie halten sich immer wieder an anderen Orten auf, an denen sich Lichtungen auftun.

In Wäldern begegnen wir einem Mosaik von jüngeren und älteren Waldstücken, auf denen sich eine zyklische Entwicklung abspielt, die immer wieder von der Lichtung zum alten Wald führt. Daraus hat man ein Mosaik-Zyklus-Konzept der Waldentwicklung abgeleitet. Genau zyklisch verläuft die Entwicklung aber wohl gerade nicht oder jedenfalls nicht immer: Denn im Verlauf von Sekundärsukzessionen besteht eine gute Möglichkeit für die Neuetablierung von Pflanzenarten.

Vieles im Ablauf von Primär- und Sekundärsukzessionen ist nur in der Theorie bekannt. Denn die meisten natürlichen Wandlungen eines Waldes laufen im Zeitraum von Jahrhunderten oder gar Jahrtausenden ab. Wir können diese Prozesse nicht in ihrer Gänze beobachten. Aber wir erkennen einzelne Stadien einer Sukzession oder auch Phasen eines Mosaik-Zyklus im Wald. Schließlich kennen wir auch die Anfangs- und Endpunkte der Entwicklungen von Primär- und Sekundärsukzessionen, wobei jeder Endpunkt zugleich auch der Anfangspunkt einer neuen Entwicklung ist: Auf die weiträumige Primärsukzession als Folge der massiven Klimaveränderungen am Beginn einer Warmzeit folgten stets kleinräumigere Sekundärsukzessionen, in denen sich der Wald besonders gut erneuen konnte. Und es ist davon auszugehen, dass am Ende einer Warmzeit eine großflächige Zerstörung eines Waldgebietes steht, das dann durch ein Offenland ersetzt wird.

6. Wälder der Erde: eine Momentaufnahme

In Wäldern findet man an ähnlichen Standorten unter einander entsprechenden Klima- und Bodenbedingungen immer wieder die gleichen charakteristischen Kombinationen von Pflanzenarten. Es gibt also eine Beziehung zwischen Pflanzen, Klima und Boden. An der Vegetation eines Waldes erkennt man Indizien dafür, welchen Charakter der geologische Untergrund aufweist. Kennt man die geologischen und klimatischen Bedingungen eines Ortes, kann man Mutmaßungen darüber anstellen, welche Pflanzenarten am Ort vorkommen. Allerdings dürfen die Beziehungen zwischen Vegetation, Klima und Boden nicht als zu strikt angesehen werden. Denn es ist durchaus möglich, dass sich an einem Ort Besonderheiten der Vegetation einstellten, die nicht durch standörtliche Parameter erklärbar sind. Und zu beachten ist stets die Tatsache der Dynamik, mit der eventuell in Verbindung steht, warum eine Pflanzenart nicht oder vielleicht noch nicht an einem Ort vorkommt, an dem man sie eigentlich erwarten könnte.

Weil man immer wieder ähnliche Kombinationen von Pflanzenarten findet, also von festen Beziehungen zwischen ihnen ausging, hat man das Lehrgebäude, das sich damit befasst, Pflanzensoziologie genannt. Man kann sie als die Lehre vom Zusammenleben der Pflanzen bezeichnen und dabei eine Entsprechung zur Soziologie, der Lehre vom Zusammenleben der Menschen, sehen. Aber interessanterweise ist der Begriff Pflanzensoziologie älter als der der Soziologie. Von Pflanzensoziologie sprach zuerst der bekannte französische Botaniker Augustin-Pyrame de Candolle (1778–1841), der etwa zwei Jahrzehnte vor Auguste Comte (1798–1841), dem Schöpfer des Begriffs Soziologie, lebte, ebenfalls ein Franzose. Man muss aber einen entscheidenden Unterschied zwischen Pflanzensoziologie und Soziologie beachten: Während die Bindungen zwischen Menschen direkt bestehen, also von Mensch zu Mensch, existieren sie zwischen Pflanzen nur indirekt, gewissermaßen über eine Beziehungskette zwischen einer Pflanze, dem Standort und einer anderen Pflanze. Pflanzenarten kommunizieren nicht miteinander, sondern stellen sich an einem Ort ein, an dem die Standortbedingungen für sie günstig sind. Dabei haben verschiedene Pflanzenarten durchaus ähnliche Standortansprüche. Deswegen findet man sie immer wieder gemeinsam am gleichen Ort, beispielsweise bevorzugt auf versauerten oder kalkreichen Böden, eher in schattigen oder lichten Wäldern, aber nicht, weil sie sich «mögen».

Basis pflanzensoziologischer Arbeiten ist es, dass man zunächst einmal an mehreren Orten Vegetationsaufnahmen erstellt, in denen die Pflanzenarten und deren Häufigkeiten dokumentiert sind. Durch den Vergleich von Vegetationsaufnahmen findet man heraus, welche Pflanzenbestände einander ähnlich sind. Auf dieser Basis lässt sich der Typ einer Pflanzengesellschaft beschreiben, die man charakteristischerweise unter bestimmten Standortbedingungen antrifft. Diese Typen lassen sich in ein System der Pflanzengesellschaften einordnen. Dabei ist die reine Erfassung der Pflanzen in der Vegetationsaufnahme das einzige unumstrittene Ergebnis der Untersuchung. Alle weiteren Schritte der Pflanzensoziologen, auch die Zuordnung der Pflanzenbestände zu Typen, beruhen auf Interpretationen und Ideen, die zu Konventionen über ein System der Pflanzengesellschaften geführt haben. Man erkennt also einen konkreten Pflanzenbestand und ordnet ihn einem Typ zu, aber man sieht nicht den Typ einer Pflanzengesellschaft vor sich.

In Mitteleuropa sind Laubwälder heute weit verbreitet, in denen vor allem Buchen, aber auch Eichen dominieren. Diese Bäume entwickeln sich in Abhängigkeit von den Jahreszeiten: Sie treiben im Frühling Laub aus, betreiben während des Sommerhalbjahres ein Maximum an Fotosynthese, und im Herbst verlieren sie ihre Blätter. Im Winter sind die Bäume kahl. Man unterscheidet mehrere Typen von hiesigen Laubwäldern und erkennt sie am besten über verschiedene Kräuter, die unter den Bäumen gedeihen.

Auf Böden, die im Zuge der Mineralstoffaufnahme und der Zersetzung der Pflanzen immer saurer geworden sind und unter denen kein Gestein ansteht, dass die Säure abpuffert, findet man einen Hainsimsen-Buchenwald. In ihm wächst nicht nur die Weiße Hainsimse, die zur Benennung des Waldtyps ausgewählt wurde, sondern es kommen dort auch beispielsweise Drahtschmiele, Wachtelweizen und Heidelbeere vor.

Diese Pflanzen wachsen in einem Buchenwald auf kalkreichem Boden nicht. Die Säure im Boden wird dort durch Kalk abgepuffert. Auf tiefgründigen Böden findet man Waldmeister-Buchenwälder. Außer dem Waldmeister stößt man dort beispielsweise auf Einblütiges Perlgras, Goldnessel, Flattergras und im Frühjahr auf ganze Teppiche von Buschwindröschen. Ist der Boden steiniger und flachgründiger, bildet sich ein Haargersten-Buchenwald aus, in dem Goldnessel, Flattergras und Buschwindröschen zwar auch vorkommen, zusätzlich aber Waldbingelkraut, Lungenkraut und Haselwurz.

Noch flachgründiger sind die kalkreichen Böden eines Seggen- oder Orchideen-Buchenwaldes. Vor allem im Norden Mitteleuropas kommt er nur auf steilen und sonnigen Hängen vor, sonst hat er eine weitere Verbreitung. Darin wachsen unter anderem die Orchideen Weißes, Schwertblättriges und Rotes Waldvögelein, dazu Akelei, Türkenbund, Schlüsselblume und Leberblümchen.

In süddeutschen Mittelgebirgen, vor allem im Schwarzwald und auf der angrenzenden südwestlichen Schwäbischen Alb, bedecken Tannen-Buchenwälder weite Landstriche; sie wären von Natur aus weiter verbreitet, wenn sie nicht durch Fichtenforsten ersetzt worden wären. Viele Pflanzen von Buchenwäldern niedrigerer Lagen kommen in diesen Gebirgswäldern auch vor, daneben hohe Stauden wie der Hasenlattich, Goldrute, Fuchs'sches Greiskraut und Quirlblättrige Weißwurz.

Etliche Wälder, die Buchenwäldern ähneln, werden von Eichen beherrscht. Die Dominanz der Eichen in vielen dieser Wälder geht aber möglicherweise weniger auf natürliche Einflüsse als auf die Nutzung durch den Menschen zurück. In der Vergangenheit schlugen Bauern dort ihr Brennholz. Eichen und Hainbuchen konnten diese Form der regelmäßigen Nutzung besser überstehen als Buchen; deshalb wurden sie häufiger. Die Nutzungsintensität in Bauernwäldern geht seit Jahrzehnten zurück, und man beobachtet in vielen dieser Wälder, dass sich immer mehr Buchen darin ausbreiten.

Insgesamt bezeichnet man Buchen- oder Buchen-Eichen-Wälder als die zonale Vegetation Mitteleuropas, die sich an vielen Stellen in Abhängigkeit von den klimatischen Bedingungen eingestellt hat, und zwar je nach geologischem Untergrund in verschiedenen Typen. Wenn ein Vegetationstyp in wärmeren Regionen in ebenen Lagen vorkommt, in kühleren Gebieten aber nur an Hängen, die von der Sonne stärker beschienen werden, kann man ihn als extrazonale Vegetation im kühleren Gebiet bezeichnen. Das lässt sich beispielsweise von Orchideen-Buchenwäldern in Norddeutschland sagen. Sie haben im Süden eine größere Verbreitung und nur einige «Vorposten» im Norden; dort sind sie dann extrazonal verbreitet.

Vor allem im Süden Mitteleuropas gibt es extrazonale Wälder, die submediterranen Gehölzbeständen ähneln. Dort herrschen nicht Buchen, sondern Trauben- und Flaumeichen vor; in solchen Wäldern wachsen auch Elsbeere und Feldahorn.

Fichtenwälder, die in einigen Mittelgebirgen natürlicherweise entstanden sind, nämlich außer in den Alpen auch im Bayerischen Wald, im Fichtelgebirge und in anderen nordbayerischen Bergländern, im Erzgebirge, im Thüringer Wald und im Harz, kann man dagegen als extrazonale «Vorposten» für nordische Nadelwälder auffassen. Sie bilden die zonale Vegetation in den nördlich an das Buchenwaldgebiet angrenzenden Gebieten Skandinaviens, Finnlands und des Baltikums.

Außerdem kann man zahlreiche Typen azonaler Vegetation klassifizieren, deren Ausprägung nicht nur durch das Klima, sondern auch durch spezielle Standortbedingungen bestimmt wird. Auf steilen, rutschenden Hängen kann die Buche nicht gedeihen. Dort dominiert der Bergahorn. An schattigen Stellen findet man auch Eschen, an sonnigen Linden, vor allem auf feuchtem, quelligem Untergrund gelegentlich die Eibe.

An den Oberläufen der Bäche und Flüsse stehen Erlen-Eschen-Wälder; sie bilden meist nur ein schmales Band entlang der Gewässer. Wo die Flüsse träger sind und feiner Auenlehm abgelagert wird, sind Hartholzauenwälder mit Stieleichen, Ulmen, Linden, Ahorn und Eschen verbreitet. Ihnen vorgelagert ist dort, wo Hochwasser immer wieder feines Bodenmaterial abschwemmt und Eis oder starke Strömungen einwirken, die Weichholzaue mit der charakteristischen Silberweide. Ihre Äste werden immer wieder von Wasser und Eis abgerissen; dann schlagen die Pflanzen aber sofort wieder aus und bilden manchmal abenteuerlich gebogene Wuchsformen aus.

Von den Auenwäldern unterscheiden sich die Bruchwälder;

Abb. 8: Extrazonaler submediterraner Flaumeichenwald mit Diptam im Unterwuchs am Kaiserstuhl in Südbaden

auf ärmeren Böden dominieren in ihnen Moorbirken mit ihren bräunlichen Stämmen, auf reicheren Schwarzerlen. Die Böden der Bruchwälder sind dauerhaft nass, weil sich dort Wasser sammelt und nicht oder nur sehr langsam abfließen kann. Typisch sind diese Bruchwälder für die Randbereiche sehr breiter Talsenken in Norddeutschland, die von großen Schmelzwasserströmen des Eiszeitalters gebildet wurden. Deren Randbereiche werden aber selbst von Hochwassern des heute dort fließenden Stromes nicht mehr erreicht.

Zu erwähnen sind noch Kiefernwälder auf sehr trockenen

Dünen oder an Felsabstürzen. Kein anderer Baum kann sich auf diesen mineralstoffarmen Standorten halten. Vielleicht gelingt das den Kiefern deswegen, weil sie in Verbindung zu besonders vielen Arten von Mykorrhizapilzen stehen.

Viele dieser azonalen Wälder, von denen hier nicht alle genannt werden können, kommen nicht nur in der Laubwaldregion Mitteleuropas vor, sondern auch weiter im Norden und im Süden, aber stets an Plätzen, an denen Sonne oder Schatten, Trockenheit oder große Feuchtigkeit die Ausbildung eines besonderen Waldtyps begünstigen.

In Nordamerika und Ostasien, aber auch kleinräumig auf der Südhalbkugel, etwa an der Südspitze Südamerikas, gibt es ähnliche Gehölze wie die Laubwälder Mitteleuropas. Viele von ihnen sind allerdings bedeutend artenreicher, was an der unterschiedlichen Geschichte der Wälder liegt. In Mittel- und Westeuropa wurde die Artenvielfalt der Gehölzpflanzen im Eiszeitalter stark dezimiert, an anderen Orten nicht. Insgesamt lässt sich zu Laubwäldern der gemäßigten Zonen noch sagen, dass sie vor allem in der Nähe der Meere vorkommen. In größerer Entfernung von weiten Wasserflächen, in kontinentaleren Gegenden findet man an ihrer Stelle Nadelwälder. Im Inneren der Kontinente ist es für Wald zu trocken; dort dehnen sich Steppen und Wüsten aus.

Polwärts an die Laubwaldzone der nördlichen Hemisphäre der Erde grenzt ein Gebiet ausgedehnter borealer Nadelwälder, die man in Russland Taiga nennt. Diese zonal verbreiteten Wälder sind monotoner und artenärmer als hiesige Laubwälder.

Extrazonal kommen an manchen Orten Nordeuropas auch Buchen- und Eichenwälder vor, und zwar an den Küsten von Nord- und Ostsee, die vom warmen Golfstrom beeinflusst werden. Europas nördlichsten Buchenwald kann man auf einer Insel nördlich von Bergen in Norwegen betrachten, kleine Eichenwälder findet man an den Küsten des Baltikums und auf Schären im Südwesten Finnlands. Sie sind oft sehr klein und nur wenige hundert Meter von zonalen Nadelwäldern entfernt.

Südlich des Buchen- und Eichengebietes Europas schließen sich submediterrane Wälder an, die ursprünglich wahrschein-

Abb. 9: Borealer Nadelwald mit besonders schlanken Fichten in Schwedisch Lappland

lich bis dicht an die Mittelmeerküste gereicht haben. In ihnen wachsen Flaumeiche, verschiedene Arten von Linden, Ulmen und Ahorn, Hopfenbuche und Mannaesche. Extrazonal sind in den Gebirgen mitteleuropäische Buchen- und Buchen-Tannen-Wälder in das Gebiet der submediterranen Flaumeichenwälder eingestreut, und in tiefen Lagen stößt man auf mittelmeerische Gehölze. Große Gegensätze der Vegetation treten am isolierten Bergstock des Mont Ventoux am Übergang zwischen den Alpen und der Provence zutage: Am Südhang findet man mediterran geprägte Vegetation, am Nordhang einen dichten Wald, der einem mitteleuropäischen Buchen-Tannen-Wald ähnelt.

Mediterrane Hartlaubwälder, für die die Steineiche und mehrere andere immergrüne Eichenarten bezeichnend sind, finden sich vor allem an den Ufern des Mittelmeeres; durch Nutzung des Landes haben sie sich weit in das Hinterland, ins Flaumeichengebiet ausgebreitet.

Extrazonale Vorkommen von Hartlaubpflanzen finden sich an den Küsten Südwestfrankreichs, Südenglands und Südirlands, wo man einige wenige Exemplare des mediterranen Erdbeerbaums gefunden hat. Die Hartlaubwälder sind immergrün. Es gibt nahe dem Mittelmeer keine langen Winter; das Meerwasser hält die Temperatur in seiner Umgebung so gut wie immer über dem Gefrierpunkt. Aber es kann auch immer wieder Kaltlufteinbrüche aus dem Norden geben, und dann kommt es sogar zu Frost. Nur Bäume mit harten, stabilen Blättern können dann den ungünstigen Witterungsbedingungen standhalten; Zellen in zarterem Laub würden von dem sich bei Kälte ausdehnenden Eis gesprengt werden. Für Bäume ungünstige Witterungsbedingungen herrschen genauso in den trocken-heißen Sommermonaten. Die dicke Wachsschicht auf den Hartlaubblättern verringert die Wasserabgabe. Dem Typ nach ähnliche Vegetation wie rings um das Mittelmeer findet sich auch im Norden Kaliforniens und im Süden von Südamerika, Afrika und Australien, wo ähnliche Standortsbedingungen wie am Mittelmeer herrschen. Auch diese Wälder sind nicht weit vom Meer entfernt.

Abb. 10: Mediterraner Steineichenwald auf Elba

Immergrüne Lorbeerwälder gibt es in regenreichen Gegenden nördlich und südlich der Tropen. Weit verbreitet sind sie im Süden Japans und Chinas, in Florida und angrenzenden Regionen, auch in manchen Gegenden im Süden Südamerikas, Afrikas und Australiens. Typisch sind sie außerdem für einige Inselgruppen im Atlantik, beispielsweise für die Kanarischen Inseln. Lorbeerwälder gedeihen allgemein in regenreichen Gebieten, meistens ebenso wie die Vegetation mediterranen Typs in der Nähe eines Meeres.

In den Tropen, im Gebiet zwischen den beiden Wendekreisen, wo die Sonne an bestimmten Tagen im Jahreslauf im Zenit steht, sind je nach jährlicher Niederschlagsverteilung entweder immergrüne Regenwälder zu finden oder Wälder, die sich vor allem in den tropischen Regenzeiten entwickeln, in trockenen Phasen aber ihr Laub verlieren. Immergrüne Tropische Regenwälder gibt es vor allem am Äquator, Regenzeitenwälder südlich und nördlich davon, aber sie sind nicht überall genauso schematisch verbreitet; örtlich können sich deutliche Abweichungen ergeben.

Insgesamt sind nur die Wälder der borealen Zone auf der Nordhalbkugel und diejenigen der Tropen als geschlossene Vegetationsgürtel ausgeprägt. Großräumig verbreitet sind auch die Laubwälder der gemäßigten Zonen, die sich fast komplett um den Globus erstrecken. Aber der Schwerpunkt ihrer Verbreitung liegt in Meeresnähe, wo es mehr Niederschläge gibt als im Inneren der Kontinente, und das gilt besonders für die Hartlaubwälder vom mediterranen Typ und die Lorbeerwälder. Im Inneren der Kontinente, vor allem im Gebiet der Sahara, aber auch der arabischen Wüsten, im Inneren Asiens, im Inneren Nordamerikas und Australiens, auch vielerorts im Süden Afrikas, gibt es dagegen keine geschlossenen Wälder, oder es dehnen sich dort sogar völlig baumfreie Wüsten aus. An den Rändern der Wüsten trifft man auf große Graslandbereiche, entweder – im trockenen Inneren der Kontinente – Steppen, in denen es selten und unregelmäßig regnet, oder Savannen, die am Rande der Tropen liegen. Savannen sind tropische Ökosysteme, in denen es kürzere oder längere Regenzeiten gibt, die zu bestimmten

Abb. 11: Tropischer Regenwald in Costa Rica

Jahreszeiten auftreten. Die Savannen grenzen an die Regenzeitenwälder der äußeren Tropen, sie können aber nur dort gedeihen, wo es genügend regnet.

In allen Vegetationszonen gibt es extrazonale Wälder, die weiter nördlich oder südlich gedeihen als sehr ähnlich aussehende zonale Wälder. Auch azonale Wälder, deren Existenz nicht nur an die Klimabedingungen gebunden ist, kommen in allen Bereichen vor. In den Wüstenregionen findet man kleinräumige Wälder an Oasen oder Galeriewälder an den Flüssen. Und vor allem in den Tropen sind Mangrovenwälder verbreitet, die Salzwasser im Wurzelraum ertragen können. Die Überflutung, das Salz und die Meeresströmungen sind Gründe dafür, warum nur sehr wenige Pflanzen an seichten Küsten des Tropenraumes gedeihen können und die Mangrove bilden.

Betrachten wir die Wälder der Erde insgesamt, so müssen wir uns bewusst machen, dass wir es lediglich mit einer Momentaufnahme in der langen Geschichte der Erde und ihrer Vegetation zu tun haben. Tendenziell lässt sich feststellen, dass immer mehr Gebiete der Erde von Wald überzogen wurden, indem zuerst nur sehr feuchte, dann immer trockenere Standorte von Bäumen bewachsen waren. Aber es ist auch an Klimaschwankungen zu denken, die vor allem die borealen Nadel- und nemoralen Laubwälder der gemäßigten Zonen betroffen haben. Während der Eiszeiten waren Laubwälder der gemäßigten Zonen in ihrer Verbreitung besonders stark begrenzt. Die Nadelwälder der borealen Zonen hielten sich dagegen in vielen Regionen, weil nicht alle Teile ihres Verbreitungsgebietes auf der Nordhalbkugel vergletschert waren. Nur wo größere Niederschlagsmengen während einer Eiszeit auftraten, dehnten sich große Gletscher aus, beispielsweise im Westen Europas. Weiter im Osten war das Land dagegen nicht vergletschert, dort konnten sich die borealen Wälder auch recht weit im Norden halten.

Die tropischen Wälder und manche Hartlaub- und Lorbeerwälder sind von den Klimaschwankungen weniger stark betroffen gewesen. Sie existieren seit Millionen von Jahren und sind auch aus diesem Grund besonders artenreich. Die Ausdehnung der anderen Wälder, vor allem diejenigen der Laubwaldzone der gemäßigten Breiten, war zeitweise sehr gering, dann wieder groß. In Europa gelang es nur wenigen Baumarten, sich in allen Warmzeiten großräumig zu halten. Mehr Baumarten breiteten sich dagegen in Nordamerika und Asien in den Norden aus, wenn die Klimabedingungen dafür geeignet waren. Daran erkennt man, dass es in den Wäldern stets zu dynamischen Vorgängen der Ausbreitung oder des Zurückweichens von Baumarten gekommen ist.

7. Wald und Mensch in verschiedenen Landnutzungssystemen

Der Mensch stammt wie die nächsten seiner Verwandten unter den Tieren aus tropischen Ökosystemen: Dort gibt es das ganze Jahr über nahrhafte Pflanzenteile, die man sammeln kann, und es steht ebenso stets fleischliche Nahrung zur Verfügung. Auch die Tiere finden in den Tropen das ganze Jahr über Nahrung, junge Blätter, Pollen und Nektar, reife Früchte.

Vorfahren oder Verwandte heutiger Menschen wanderten immer dann in andere Erdgegenden aus, wenn dort ebenfalls ganzjährig Nahrung zur Verfügung stand. Auch während der letzten Eiszeit gelangten Menschen aus den afrikanischen Tropen in die gemäßigten Breiten der Nordhalbkugel, obwohl es dort damals sehr kalt war und die Winter sich in die Länge zogen. In den weiten Grasländern Eurasiens fanden etliche Arten von großen Säugetieren reichlich Nahrung. Unter ihnen waren Rentiere und Wildpferde, auf die steinzeitliche Menschen Jagd machten. Holz von Zwergsträuchern sammelte man für die Feuerstellen, an denen sich die Menschen wärmten und über denen sie Fleisch zubereiteten. Erhitzte Fleischnahrung, die also gebraten oder gekocht wurde, kann von Menschen besser als rohe aufgeschlossen werden.

Die Ernährungsbedingungen wurden problematisch, als es am Beginn der Nacheiszeit wärmer wurde und über eine Primärsukzession die Wiederbewaldung einsetzte. Große Säugetiere starben aus oder wanderten in weiter nördlich gelegene Gebiete ab, in denen es noch offene Weideflächen gab. Man hat immer wieder darüber gemutmaßt, ob die Menschen durch ihre Jagd Tiere ausrotteten und damit die Ausbreitung von Wald begünstigten. Denn junge Triebe von Gehölzpflanzen wurden bei starker Bejagung der Tiere nicht mehr abgebissen, sie konnten sich besser entwickeln. Andererseits hat man nachweisen können, dass es auch nach früheren Kaltphasen des Eiszeitalters zu ähnlichen Primärsukzessionen von Wald kam, obwohl Jäger zu dieser Zeit noch gar nicht in die Entwicklung der Ökosysteme eingegriffen haben konnten. Dazu nämlich waren Menschen damals noch gar nicht in der Lage. Außerdem lässt sich ein anderer ökosystemarer Zusammenhang zwischen großen Säugetieren und der Ausbreitung von Wald konstruieren. Rentiere zertreten beim Weiden die Vegetation; ihre Hufe lassen deutliche Eintiefungen im Boden zurück, in denen die Flugfrüchte von Birken und Kiefern hängen bleiben. Die Baumsaat fand also in einer beweideten Gegend eher einen sicheren Platz zum Keimen als in einem Ökosystem, in dem keine Wildtiere grasten.

In einem Wald der gemäßigten Breiten gibt es nicht zu jeder Jahreszeit Nahrung für Menschen und pflanzenfressende Tiere. Viele Tiere überleben die kalte Jahreszeit als Larven im Boden oder dadurch, dass sie Winterschlaf halten; ihr sprichwörtlich gewordener Winterspeck erlaubt ihnen das Überleben. Menschen konnten in der frühen Nacheiszeit nicht im Wald, sondern nur an Gewässern überleben, wo sie ganzjährig Fische fangen und Vögel jagen konnten. Allerdings gab es dort nur Nahrung für wenige Menschen.

Die Entwicklung der Wälder wurde durch pollenanalytische Untersuchungen aufgedeckt. In Pollenkörnern wird das männliche Erbgut einer Blütenpflanze von den Staubblättern der einen Blüte auf den Stempel des Fruchtknotens einer anderen Blüte übertragen. Viele Pflanzen werden von Insekten bestäubt, vor allem diejenigen mit einer auffälligen Blüte. Andere Gewächse sind windblütig; das heißt, dass die Pollenkörner durch den Wind von Blüte zu Blüte übertragen werden. Windblütige Pflanzen haben normalerweise viel mehr Pollenkörner als insektenblütige, denn die Wahrscheinlichkeit ist sehr gering, dass ein Pollenkorn sein «Ziel» erreicht, wenn es vom Wind verweht wird. Die meisten Waldbäume sind windblütig und haben daher sehr viele Pollenkörner, die sich wie ein Staubregen über das ganze Land legen. Allerdings produziert nicht jede Blüte gleich viele Pollenkörner, einige Bäume bringen sehr viel Pollen hervor, andere weniger: Ahorn, Linde, Weide und Kirsche lassen nur einen Teil ihrer Pollenkörner vom Wind verwehen. Sie werden außerdem von Insekten besucht.

Während der Inhalt von Blütenstaubkörnern rasch zersetzt wird, wenn sie ihren Zielort, also den Stempel eines Fruchtknotens, nicht erreichen, bleibt die Hülle der Pollenkörner unter Sauerstoffabschluss schier unbegrenzt erhalten. Fliegt ein Pollenkorn auf die Oberfläche eines Gewässers oder eines Moores, kann es im Sediment eingebettet und über Jahrtausende konserviert werden. Am Grund von Seen und in Mooren bildet sich in jedem Jahr eine dünne Schicht aus unzersetztem organischem Material. Schicht für Schicht wächst das Sediment. Man kann es einem Seeboden oder einem Moor entnehmen und dann mikroskopisch untersuchen, welche Pollenkörner in jeder Schicht enthalten sind. Unter dem Mikroskop gelingt es, viele Pollenkörner Pflanzenarten zuzuordnen. Man kann die Pollenkörner von Kiefer, Birke, Hasel, Eiche, Buche oder Hainbuche gut unterscheiden und über eine Pollenuntersuchung rekonstruieren, welche Pflanzen in der Umgebung eines Sees oder Moores zu einer bestimmten Zeit vorkamen. Man kann auch die Pollenkörner von Getreide erkennen. Findet man sie, ist das ein Beweis dafür, dass Menschen in der Nähe des Ortes, an dem man die Pollenproben gewann, vor Jahrtausenden Ackerbau betrieben und damit begonnen hatten, die Umgebung ihrer Siedlungen zu verändern, indem sie beispielsweise Wald rodeten.

Für die mikroskopische Analyse bereitet man Probe für Probe aus einem Sedimentprofil vor, indem man nach Möglichkeit alle Sedimentbestandteile zerstört und nur die darin enthaltenen Pollenkörner zurückbehält. Sie bestimmt man unter dem Mikroskop und berechnet die prozentualen Anteile bestimmter Pollentypen. Diese Anteile entsprechen in Annäherung den Anteilen bestimmter Baumarten im Wald. Allerdings gleichen sich die Prozentanteile von Pflanzen im Wald und von Pollenkörnern in der untersuchten Probe nicht vollständig; denn Pflanzenarten, die auch von Insekten bestäubt werden, bringen weniger Pollenkörner hervor als andere, die ausschließlich windbestäubt sind. Ganz allgemein wird aber dann, wenn man die Prozentanteile von Pollentypen Schicht für Schicht in einem Diagramm aufträgt, der Wandel der Vegetation kenntlich gemacht. Man sieht, wie sich die Vorherrschaft bestimmter Pollentypen und damit auch der Waldbäume im Lauf der Zeit veränderte.

Man kann das Alter der pollenführenden Ablagerungen grob datieren, weil man weiß, zu welcher Zeit Wälder ein bestimmtes Aussehen besaßen und die Pollenspektren eine bestimmte Zusammensetzung hatten. Aber es gibt bessere Datierungsverfahren, beispielsweise die Radiocarbonmethode, wobei der Gehalt des Kohlenstoffisotops 14 in einer Ablagerung organischen Sediments nachgewiesen wird. Dieses Kohlenstoffisotop ist radioaktiv und zerfällt mit einer Halbwertszeit von 5730 Jahren. Das bedeutet: 5730 Jahre nach seinem Einbau in organische Substanz ist die Hälfte der C14-Atome zerfallen, und es lässt sich noch genau die Hälfte der Anfangsaktivität der radioaktiven Zerfälle nachweisen. Oder: In einer 5730 Jahre alten Torfprobe gibt es noch genau halb so viele radioaktive Zerfälle wie in einer Probe, die heute gebildet wird. Man kann nun die Beziehungen zwischen der Radioaktivität einer Kohlenstoff enthaltenden Probe und ihrem Alter errechnen, und so lässt sich jede Torfprobe aus einem Moor datieren.

In Pollendiagrammen erkennt man, dass Birke und Kiefer die ersten Bäume waren, die nach der Eiszeit natürliche Wälder in Mitteleuropa bildeten. In Meeresnähe wuchsen im Allgemeinen mehr Birken, im Landesinneren mehr Kiefern. Damals wurde noch kein Getreide angebaut, es lebten aber, wie wir von den Archäologen wissen, bereits Menschen in Mitteleuropa, vor allem am Rand von Feuchtgebieten. Sie beeinflussten die Wälder noch wenig, holten aber sicher ihr Brennholz aus ihnen. Vor etwa 9000 Jahren wurden Haselnussbüsche in den Wäldern sehr viel häufiger, und man vermutet, dass Menschen damals gezielt Haselnüsse in den Boden steckten, um Haselbüsche wachsen zu lassen. Ihre Nüsse konnte man sammeln und für längere Zeit aufbewahren, so dass man eine zusätzliche Nahrungsquelle ganzjährig nutzen konnte. Aber die Wälder änderten dadurch ihren Charakter kaum. Man musste keine anderen Pflanzen roden, um Haselbüsche zu fördern. Entstanden war nun ein Landnutzungssystem, in dessen Rahmen Menschen vor allem an Gewässerufern lebten und den geschlossenen Wald noch nicht rodeten. Abgesehen von der Förderung der Haselbüsche liefen dort natürliche Entwicklungen noch so gut wie ungestört ab. Nach Aussage der Pollendiagramme breiteten sich Eichen, Linden, Ulmen und Eschen aus, und es entstanden Laubwälder. Die Kiefer hielt sich nur in trockenen und kalten Regionen im Inneren des Kontinents und lokal auf sandigen Böden, etwa auf Dünen. Nur sehr wenige Menschen fanden im Rahmen dieses Landnutzungssystems der Mittleren Steinzeit ihr Auskommen.

Vor etwas mehr als 7000 Jahren, in der Jungsteinzeit, kam ein völlig anderes Landnutzungssystem auf, und zwar das der frühen Bauern. Sie rodeten Wälder, um feste Häuser zu bauen. Interessanterweise waren die damals gebauten sogenannten Langhäuser etwa dreißig Meter lang; als Firstbalken konnte man unter anderem ganze Eichenstämme verwenden, die man mit Steinäxten gefällt hatte. Die Länge der Häuser entsprach also ungefähr der Höhe der Baumstämme.

Auf den durch die Rodungen entstandenen Freiflächen säten die frühen Bauern Getreide und andere Gewächse ein, die im Nahen Osten zu Kulturpflanzen geworden waren. Die Bauern mussten im Sommer in der Nähe der Getreidefelder leben, um das Korn vor anderen Menschen und vor Tieren zu schützen, die man als Schädlinge bezeichnete, weil sie vom Pflanzenanbau profitierten. Auf den Kulturpflanzenfeldern wuchsen große Mengen an nahrhaften Pflanzenteilen heran, die auch Mäusen oder Heuschrecken als Nahrung dienen konnten. Auch im Winter mussten die Menschen an Ort und Stelle bleiben, weil sie die Getreidevorräte bewachen mussten – ebenfalls vor anderen Menschen und Tieren. Die Bauern hielten auch Haustiere, die ebenfalls überwiegend aus dem Nahen Osten stammten: Rinder, Schafe und Ziegen. Sie wurden in die Wälder getrieben, wo sie nicht nur Gras und Kräuter, sondern auch junge Triebe von Bäumen fraßen, die Wälder wurden dadurch im Lauf der Zeit aufgelichtet.

Archäologen können zeigen, dass die damaligen Siedlungen nicht auf Dauer bestanden, sondern nur für einige Jahrzehnte. Anschließend wurden sie wieder aufgegeben, warum, ist nicht bekannt. Nahmen die Erträge auf den Feldern ab? Oder mangelte es dann in der Umgebung der Siedlung an Holz, mit dem man neue Hütten bauen oder die bestehenden ausbessern konnte? Letzteres ist wahrscheinlich, denn in den Holzhäusern wurde am offenen Feuer gekocht, so dass es immer wieder zu Schadenfeuern kommen konnte. Und je älter die Hütten wurden, desto trockener wurde das Bauholz und desto eher kam es zum Brand.

Die Siedlungen wurden an anderer Stelle neu gebaut, vielleicht dort, wo es noch hoch gewachsene Baumstämme gab, aus denen man neue Häuser bauen konnte. Auf den verlassenen Flächen kam es zu Sekundärsukzessionen von Wald: Zunächst wuchsen raschwüchsige Gehölzarten auf den alten Siedlungs- und Ackerbauflächen: Birken, Kiefern, Weiden. Dann kamen erneut Eichen in die Höhe, mit ihnen aber auch Buchen, die sich nun sehr gut ausbreiten konnten: Sie übergipfelten Eichen und andere Bäume und übernahmen die Vorherrschaft im Wald. Unter Buchen können kaum andere Baumarten in die Höhe kommen, denn unter dem Laubdach der Buchen ist es zu düster.

Das Landnutzungssystem des frühen Ackerbaus, in dem immer wieder Siedlungen gegründet und verlagert wurden, ist im Pollendiagramm am gelegentlichen Auftreten von Getreidepollen und an der allmählich immer weiter fortschreitenden Ausbreitung der Buche erkennbar. Siedlungen wurden im Verlauf von Jahrtausenden immer wieder verlagert, jahrtausendelang kam es deswegen auch immer wieder zu Sekundärsukzessionen. Die Buchenausbreitung nahm also lange Zeit in Anspruch, sie begann in Mitteleuropa vor mehr als 7000 Jahren und endete erst am Beginn des Mittelalters. Ebenso wie in Mitteleuropa die Buche konnten sich andernorts Fichte oder Hainbuche etablieren. Die Hainbuche bekam im Osten Mitteleuropas im Zusammenhang mit der Anlage und Aufgabe von Siedlungen sowie den daher ablaufenden Sekundärsukzessionen mehr und mehr Bedeutung, in den westlichen Alpen und vielerorts in Skandinavien konnte Entsprechendes als Ursache für die Ausbreitung der Fichte nachgewiesen werden. Man hält die sich damals neu ausbreitenden Bäume an den Orten, wo sie sich etablierten, zwar für natürlich. Man muss das aber in Frage stellen, weil der

Mensch ihre Ausbreitung begünstigte. Allerdings weiß man nicht, wie groß die Förderung durch das geänderte Landnutzungssystem am Ende war, denn sicher spielten die Landnutzung und natürliche Ausbreitungsphänomene der «neuen» Waldbäume zusammen. Eine generelle Frage sei hier kurz angeschlossen: Ist es eigentlich immer wichtig, natürlicherweise und nicht nur natürlicherweise vorkommende Baumarten zu unterscheiden? Wichtig ist es doch vor allem, dass sie an einem Standort gut gedeihen.

Ein weiteres Landnutzungssystem, in dem die Wälder auf andere Weise eingebunden waren, machte sich in der Zeit breit, in der auch die schriftliche Überlieferung einsetzte und staatliche Strukturen entstanden. Die Siedlungen wurden nicht mehr aufgegeben, sondern blieben ortsfest bestehen; sie mussten dann aber auf festen Routen mit Gütern des täglichen Bedarfs versorgt werden, wenn es daran mangelte. Das Landnutzungssystem, in dem keine neuen Wälder mehr entstanden, entwickelte sich am Mittelmeer bereits in der Antike, ebenso wie in den Teilen von Süddeutschland, die zum Römischen Reich gehörten. Im Norden Mitteleuropas kam dieses Landnutzungssystem erst im Mittelalter auf. Wo es keine Sekundärsukzessionen mehr gab, breitete sich die Buche nicht mehr weiter aus.

In Mitteleuropa kam es zu einem interessanten Nebeneinander eines Landnutzungssystems mit dauerhafter Besiedlung und ohne Neubildung von Wald, nämlich im römisch beherrschten Gebiet, und eines Systems mit nicht dauerhafter Besiedlung und mit immer noch ablaufenden Sekundärsukzessionen weiter nördlich. Der römische Limes grenzte beide Gebiete voneinander ab, in denen nicht miteinander kompatible Landnutzungssysteme vorherrschten. Das heißt, man konnte in keiner Gegend sowohl dauerhafte Siedlungen anlegen als auch Siedlungen verlagern. Nördlich vom Limes kam es bis zum Beginn des Mittelalters noch immer wieder zu Sekundärsukzessionen und Neubildungen von Wald, südlich davon nicht mehr. Nördlich und südlich des Limes, im Bereich unterschiedlicher Landnutzungssysteme, fanden die Menschen kein Verständnis für das Handeln der Akteure auf der jeweils anderen Seite. Das führte zur

Herausbildung von Vorurteilen, von denen später noch die Rede sein muss.

Die dauerhafte Besiedlung und Nutzung dezimierte die Buche und förderte die Ausbreitung von Ausschlagwäldern, in denen die Bäume insgesamt oder ihre Äste immer wieder geschnitten oder «auf den Stock gesetzt» wurden und dann erneut austrieben. In solchen Wäldern, die man als Niederwälder bezeichnete, weil sie nur wenige Meter hoch wurden, übernahmen beispielsweise Eichen und Hainbuchen die Vorherrschaft, was sich in den Pollendiagrammen gut erkennen lässt.

Die Nutzung führte auch zur Bildung von Mittelwäldern, in denen man einzelne Eichen stehen ließ. Man schlug dort die Hainbuchen zur Brennholzgewinnung, und die Eichen fällte man, wenn man ein neues Haus bauen wollte. Im Gegensatz zu den Eichen früherer Wälder, die dicht nebeneinanderstanden, wuchsen die einzelnen Stämme von Mittelwäldern nicht gerade in die Höhe. Man konnte sie nicht für Firstbalken nutzen, und man konnte aus ihnen auch keine Blockhäuser bauen, in denen vierkantige Holzbalken neben Holzbalken liegen oder stehen müssen, um eine dichte Wand zu bekommen. Man verwendete Eichenholz aus Mittelwäldern für Fachwerkhäuser, bei denen es nicht darauf ankam, ob das Holz völlig gerade gewachsen war. Man glich die Unregelmäßigkeiten im Wachstum der Stämme, deren Holz man zum Bauen verwendete, durch das Füllen der Gefache mit Flechtwerk und Lehm aus.

Die Wälder wurden auch durch den Weidebetrieb stark beeinflusst. Denn das Vieh der Bauern weidete im Wald, und es bildeten sich nur sehr allmähliche Übergänge zwischen Wald und Offenland heraus. Während die Kornfelder in einem Kernbereich in der Nähe der Siedlungen lagen und eine deutliche Außengrenze hatten, waren Wald und Weideland nicht voneinander abgesetzt. Sie wurden insgesamt als Allmenden oder Gemeinheiten bezeichnet, die von der Allgemeinheit zur Gewinnung von Holz und zur Viehweide genutzt werden konnten. Man bezeichnete diejenige Fläche als Wald, auf der die Bäume dominierten, und eine andere, die baumfrei oder nur locker mit Bäumen bestanden war, als Heide. Auch Hirten und Schäfer, die

Abb. 12: Niederwald: Nach dem Schlagen der Kernwüchse kamen Sekundärtriebe schräg aus den Wurzelstöcken in die Höhe.

mit ihren Tieren weit über Land zogen, durften die gesamte Allmende nutzen. Im Volkslied heißt es: «Schäfer sag, wo tust du weiden? Draußen im Wald und auf der Heiden.» Gemeint ist damit, dass sowohl lichtere als auch dichtere Holzbestände für die Weide oder Hude genutzt wurden: Es entstanden weite Heideflächen und Hudewälder unter dem Einfluss des Weideviehs. Auch wurde immer wieder gejagt, mehr und mehr allerdings nur vom Adel.

Im Mittelalter, als sich Heideflächen und Hudewälder weithin ausbreiteten, in denen auch einzelne Bäume wie im Niederwaldbetrieb genutzt wurden, gab es nur ganz wenig Grünland, das zur Gewinnung von Heu als Winterfutter genutzt wurde. Man nutzte Laubheu und gewann es durch Schneiteln von Einzelbäumen an den Höfen oder in den Siedlungen, auch in Hainen. Wenn das Laub von Linden, Eschen, Ahorn oder Ulmen gerade ausgetrieben war, schnitt man die belaubten Äste ab, hängte sie gebündelt in die Bäume und trocknete sie, so dass man sie im Winter als Viehfutter verwenden konnte. Die Bäume trieben nur Wochen später erneut aus; dabei nahmen ihre Kronen eine angenäherte Kugelform an. Vor allem Linden und Eschen wurden so zu Symbolen des Ewigen Lebens, weil sie immer wieder austrieben. Sie wurden auch auf Dorfplätze, neben Kirchen und vor allem auf Friedhöfen gepflanzt.

Unter dem Einfluss des jeweiligen Landnutzungssystems sah Wald anders aus. Als man noch keinen Ackerbau betrieb, konnte er sich noch annähernd natürlich entwickeln. Ackerbau und Verlagerungen von Siedlungen führten häufig zu Sekundärsukzessionen, in deren Verlauf sich neue Baumarten wie die Buche ausbreiteten. Unter dem Einfluss dauerhafter Besiedlung und der dauerhaften Landnutzung kam es nicht mehr zu Sekundärsukzessionen von Wald, die zugleich einsetzende stärkere Nutzung der Wälder begünstigte die Entstehung von Nieder-, Mittel- und Hudewäldern. In jedem Landnutzungssystem werden unterschiedliche Pflanzen gefördert und dezimiert. Man kann den Wald des einen Landnutzungssystems nicht mit dem eines anderen vergleichen.

8. Gewerbliche Nutzung des Waldes

In Verbindung mit dem Landnutzungssystem der ortsfesten Siedlungen, das in weiten Teilen Mitteleuropas während des Mittelalters aufkam, setzte auch ein stärkerer Handel ein, und vielfältige Gewerbetätigkeit kam auf. Es wurden vor allem im 13. Jahrhundert immer mehr neue städtische Zentren gegründet, von denen viele, aber längst nicht alle den Namen «Neustadt» erhielten. In ihnen entwickelte sich vielerlei Handwerk, das Holz als Rohstoff benötigte, und die städtischen Märkte zogen den Handel an sich. Die Bevölkerung und deren Bedürfnisse nahmen zu. Der Nutzungsdruck auf die Wälder als überaus wichtige Rohstoffquelle wurde erheblich größer, und zwar auch in Gegenden, die von den Zentren gewerblicher Nutzung und des Handels weit entfernt lagen.

Abb. 13: Rinder weiden im Hudewald.

Anders als bäuerliche Ansiedlungen wurden sehr viele Städte in unmittelbarer Nähe zu Flüssen gegründet. Aus Holz baute man dort Wehre, die entweder mitten in der Stadt oder unmittelbar an ihrem Rand zu liegen hatten. Dann konnte man am Wehr Fisch fangen und hölzerne Mühlen bauen, in denen auch im Fall einer Belagerung der Stadt täglich Korn gemahlen und Mehl zum Brotbacken produziert werden konnte. Die Stadt wurde auf dem Wasserweg mit Holz versorgt. Und davon brauchte man eine große Menge! Holz war schließlich der weitaus wichtigste Rohstoff für viele Zwecke in der damaligen Zeit. Von den Bergländern, aus denen die Flüsse kamen, wurden entweder Einzelstämme stromab getriftet, oder man band aus mehreren Stämmen Flöße zusammen und ließ sie flussab treiben, was aber natürlich nur dort möglich war, wo die Fließgewässer eine ausreichende Breite hatten. Für eine zeitweilige Erhöhung des Wasserstandes konnte man sorgen, indem man Wasser in künstlich angelegten Weihern speicherte und es in dem Moment abließ, in dem die Einzelstämme oder Flöße von der Flut aufgenommen werden sollten. Besonders gut konnte man Nadelholz flößen, denn sein spezifisches Gewicht war geringer als das von Laubholz. Es schwamm auf dem Wasser, während Flöße aus Laubholz «senk» waren und untergingen, wenn man nicht mit Luft gefüllte Tonnen, Fässer oder Nadelholzstämme zwischen die Laubholzstämme gebunden hatte. Bekannte Trift- oder Flößerstrecken in Mitteleuropa waren die Elbe und ihr Nebenfluss Saale, die Oder, die Weser und ihre Nebenflüsse Aller, Leine und Innerste sowie die Oker, ferner die Donau, an der man sogenannte Ulmer Schachteln baute, Flöße mit einer kleinen Hütte darauf. Sie fuhren nur die Donau abwärts und wurden an den Zielorten auseinandergebaut, weil man dort Holz brauchte. Die wichtigsten Flößerstrecken in Mitteleuropa waren aber der Rhein mit Neckar und Main sowie vielen kleineren Flüssen aus dem Schwarzwald – Murg, Enz, Nagold und Kinzig zum Beispiel. Im Schwarzwald bezeichnet man die höchsten Tannen noch heute als «Holländertannen»: Das holzarme Land an der Rheinmündung, in dem man viel Holz zum Schiffbau brauchte, war einer der Hauptabnehmer für Holz aus dem Schwarzwald, der übrigens vom Schwarzholz seinen Namen erhalten hat; das ist eine andere Bezeichnung für Nadelholz. Die Flöße mit ihren legendären Flößerknechten trieben nun allmählich flussabwärts. Die Fahrt dauerte lange, wobei die Ursache dafür nicht einmal so sehr die Schwierigkeit war, die aus mehreren Stören zusammengebundenen Gefährte um die teilweise engen Flussschlingen herumzulenken, sondern zahlreiche Aufenthalte. An Städten, die ein Stapelrecht besaßen, mussten die Flöße auseinandergebunden werden. Dann musste das Holz auf dem Holzmarkt der Stadt zum Kauf angeboten werden. Nur das Holz, das die Stadtbevölkerung nicht brauchte, konnte weiter auf die Reise gehen. Die Flößerknechte bauten ihre Flöße dann wieder zusammen, und schließlich kam nur ein Teil des Holzes am eigentlichen Zielort des Floßes an, etwa an der Rheinmündung in den Niederlanden oder in Hamburg an der Elbe. An den Küsten ging es bald nicht mehr nur um die Versorgung mit Brennholz, sondern Stämme wurden auch für die Fundamentierung von großen Gebäuden verwendet. Die schlanken Nadelholzstämme, die auf dem Rhein an die Nordsee kamen, fanden als Masten auf gro-

Abb. 14: Eschen, die nach dem Schneiteln wieder ausgetrieben haben.

ßen Kriegs- und Handelsschiffen Verwendung. Gebraucht wurden sie auch zum Bau von Häusern in Stadt und Land; das Innenskelett von Bauernhäusern an der Küste, von Gulfhäusern, auch von Haubargen, kam als Floßholz in die baumlosen Marschen. Wenn man ein solches Bauernhaus bauen wollte, brauchte man nur wenige Stämme, die in der Mitte des Hauses das ganze Dach tragen. Dennoch gehören Haubarge zu den größten Bauernhäusern überhaupt.

Auf dem Unterlauf des Rheins nahm man auf den großen Nadelholzflößen auch Eichenholz mit. Man gewann es in den rheinischen Niederwäldern, in denen neu austreibende Eichenstämme krumm in die Höhe gekommen waren. Dieses sogenannte Krummholz konnte man direkt in Schiffsrümpfe einbauen; es war deshalb besonders begehrt und teuer. Eichenholz eignete sich nicht nur als Schiffsbauholz, weil es ganz nach Wunsch der Schiffbauer gebogen gewachsen sein konnte, sondern wegen seiner Haltbarkeit. Eichenholz enthält besonders viele Gerbstoffe, die es vor dem Befall durch Tiere und Pilze schützen.

Für Seezeichen, Duckdalben, an denen man die Schiffe auf der Reede in den Häfen vertäute, auch für Kaianlagen brauchte man geflößtes Nadelholz, ferner auch für die platten Schiffsböden der Ewer, die man an der Niederelbe und in ihrer Umgebung verwendete, um Waren von den großen Hafenstädten an die kleinen Küstenhäfen oder in umgekehrter Richtung zu transportieren. Der Schiffsboden musste deswegen völlig abgeplattet sein, weil man die Boote bei Niedrigwasser auf dem Schlick absetzte, um sie von Land her be- und entladen zu können, ohne in einem Hafen an einer Kaimauer anlegen zu müssen. Bei höherem Wasserstand schwammen die Schiffe wieder auf dem Meer. Beim Bau von Tjalken, den an der west- und ostfriesischen sowie der niederländischen Küste operierenden Plattbodenschiffen, konnte man insgesamt das stabilere Eichenholz verwenden, weil dort der Tidenhub geringer ist und die Schiffsböden weniger stark abgeplattet sein müssen.

Die wichtigsten Handelswege waren diejenigen auf dem Wasser. Dies setzte aber voraus, dass genügend Holz aus den Wäldern des Binnenlandes zur Verfügung stand und auf den Flüssen zu den Werften transportiert werden konnte. Insofern bestand eine sehr enge Beziehung zwischen dem Aufbau eines immer leistungsfähiger werdenden Handelsnetzes und der Holznutzung in den Wäldern. Mit dem Aufbau des Handelsnetzes und der Konservierung von leicht verderblichen Gütern hatte noch weiteres Gewerbe zu tun, das Holz als Energiequelle verwendete. Sehr viele Güter, nicht nur Wein und Bier, sondern auch beispielsweise Fisch, Butter, Sauerkraut und sogar Glas sowie wertvolle Waren wurden in Holzfässern transportiert – den Containern der damaligen Zeit. Sie wurden aber am Zielort oft auseinandergebunden, und ihr Holz wurde dann anderweitig verwendet, beispielsweise als Brennholz.

Vor allem in den Hafenstädten gab es zahlreiche Brauereien. Ein alkoholisches Getränk, dessen Gärung gestoppt worden war, hielt sich an Bord von Schiffen länger als Trinkwasser. Die Schiffsleute brauchten auf ihren monatelangen Reisen genug Getränke. Dafür kamen nur Bier und andere alkoholische Getränke in Frage, die in den Hafenstädten bereitgestellt werden mussten. Auch die Brauereien hatten beträchtlichen Bedarf an Holz zum Betrieb des Feuers unter den Braukesseln.

Eine große Menge an Holz benötigte man auch zum Salzsieden. In Salzpfannen musste die aus dem Boden kommende Sole eingedampft werden, damit das Salz in trockenem Zustand transportiert werden konnte. Das geschah in Lüneburg, Halle, im Salzkammergut und an vielen anderen Orten. Mit Salz wurden sehr viele eigentlich rasch verderbliche Nahrungsmittel haltbar gemacht, die man längere Zeit konservieren oder über Wasser und Land transportieren wollte: Gemüse, Obst, Fleisch, Fisch, Milchprodukte wie Butter und Käse. Heute kann man diese Lebensmittel gekühlt transportieren, früher war das nicht möglich. Daher war Salz besonders kostbar, und es wurden große Mengen davon gebraucht.

Mitteleuropa war im Mittelalter ein Zentrum des Bergbaus, bei dem es neben der Gewinnung von Salz besonders um den Abbau verschiedener Erze ging. Beispielsweise im Erzgebirge und im Harz gab es reiche Silbervorkommen. Die Metalle wurden meist nicht in gediegener, das heißt reiner Form gefunden, sondern in einem Gemisch aus Kupfer, Zink, Blei, Wismut und Silber. Man musste und konnte die einzelnen Metalle aus den Erzen schmelzen; jedes Metall hat einen anderen Schmelzpunkt. Man kann das Erz langsam erhitzen; dann wird ein reines Metall nach dem anderen in den Schmelzpfannen verflüssigt. Auch für den Betrieb der Erzschmelzen wurde sehr viel Holz gebraucht, um die dort notwendigen hohen Temperaturen zu erzeugen.

Sehr schwierig war es, Glas herzustellen, weil das Rohprodukt Quarz erst bei sehr hohen Temperaturen zu schmelzen begann. Man musste es aber verflüssigen, um es formen zu können. Wenn dem Quarz vor dem Beginn des Schmelzens ein Katalysator beigemengt wurde, konnte man dessen Schmelztemperatur senken. So einen Katalysator gab es an den Ufern des Mittelmeeres in großer Menge, nämlich Soda, die man aus dem Kalisalzkraut gewann, einer an europäischen Küsten verbreiteten Pflanze. Aus diesem Grund befanden sich die wichtigsten Glashütten in römischer und frühmittelalterlicher Zeit am Mittelmeer, unter anderem in Venedig und später im nahen Murano.

Im Mittelalter machte man in süddeutschen Mittelgebirgen die Entdeckung, dass man zum Schmelzen von Glas auch einen Zusatz von Pottasche verwenden kann. Pottasche wurde aus Holz hergestellt: Sie ist der Kalium enthaltende Rückstand aus vollständig verbranntem Holz. Allerdings war das in Mitteleuropa und später auch in Schweden und Finnland hergestellte Waldglas grün, wenn man es nicht durch entsprechende Beimischungen aufhellte.

Zur Glasherstellung brauchte man Holz also nicht nur, um den Quarzsand zu schmelzen, sondern auch, um Pottasche herzustellen – und das waren erhebliche Mengen. Öfen zum Brennen von Keramik wurden ebenfalls mit Holz geheizt. Nur mit Holzkohle, die aus Buchenstämmen hergestellt war, gelang es, die extrem hohen Temperaturen zu erzeugen, die man zur Steinzeugherstellung benötigte. Steinzeug hatte nicht nur Bedeutung als Trink- und Essgeschirr, sondern auch zur Herstellung von Transportgefäßen für beispielsweise alkoholische Getränke und Fisch. Holzkohle stellte man in Kohlenmeilern her, die der Köhler in den Wäldern aufschichtete. Es war sehr kompliziert, dafür Sorge zu tragen, dass das Meilerholz in einem Schwelbrand lediglich verkohlte, also in reinen Kohlenstoff überführt wurde, und nicht durchbrannte, so dass nur die Asche übrig blieb, der Kohlenstoff aber mit Sauerstoff in Kontakt kam und als Kohlenstoffdioxid in die Atmosphäre entwich. Die Kohlplätze legte man übrigens deswegen direkt im Wald und nicht an den Schmelzöfen an, weil Holzkohle wesentlich leichter zu transportieren war als Holz.

So gut wie alle Handwerker brauchten kleinere oder größere Mengen an Holz: Daraus stellte man Wagen her, Möbel, Schuhleisten, über die das Schuhleder gezogen wurde, Spinnräder und Webstühle. Und Holz aus den Wäldern war auch der wichtigste Baustoff beim Errichten von Häusern, übrigens auch in den Städten, wo Fachwerkbau weit verbreitet war. Immer wieder brannten ganze Stadtquartiere nieder, und das Feuer fraß sich von Haus zu Haus; denn das schon Jahrhunderte zuvor geschlagene Bauholz war hervorragend abgelagert und trocken. Nach jedem Stadtbrand wurde sofort eine riesige Menge an Holz aus den Wäldern benötigt.

Der Bedarf an Holz wuchs immer schneller an und damit auch die Konkurrenz unter den Holznutzern. Bauern trieben ihr Vieh dorthin, wo Flößer oder Bergleute Holz machen wollten. Hinzu kamen die Landesherren, die viele Waldflächen forsteten, das heißt, sie untersagten dort jegliche weitere Holznutzung, weil sie eigenen Bedarf hatten. Vor allem wollten sie aber in den herrschaftlichen Forsten ungestört jagen. Sie hegten die Wildbestände auch, sorgten also dafür, dass die Zahl der Rehe und Hirsche anwuchs. Immer tierreichere Wildbestände verbissen jedoch junge Bäumchen, die nach dem Abholzen der Waldflächen aufkamen. Die Verjüngung des Waldes wurde dadurch stark behindert.

Insgesamt schwanden die Waldflächen dahin, was mehr und mehr als Bedrohung wahrgenommen wurde. Ob Holz in manchen Regionen bereits knapp wurde oder ob man dies lediglich befürchtete, ist eine viel diskutierte Frage in der Forst- und Geschichtswissenschaft. Auch wenn der Holzmangel vielleicht «nur» drohte, musste gehandelt werden. Das Landnutzungssystem der ortsfesten Siedlungen konnte nur bestehen bleiben, wenn immer wieder genug Holz zur Verfügung stand. Sonst drohte der Untergang der Kultur, wenn es nicht gelang, entweder den Holzkonsum einzuschränken oder ein neues Landnutzungssystem einzuführen. Da auf Konsum ungern verzichtet wird – damals übrigens wie heute –, kam nur die Einführung eines neuen Landnutzungssystems in Frage, in dessen Rahmen Wälder ein völlig neues Aussehen und eine völlig neue Bedeutung erhielten.

9. Nachhaltigkeit im Wald

Lucas Cranach der Jüngere malte 1569 ein Epitaph für den Reformator Paul Eber, auf dem das Gleichnis vom «Weinberg des Herrn» dargestellt ist. Das Bild hängt in der Wittenberger Stadtkirche. Im Vordergrund ist das Geschehen um das biblische Gleichnis zu sehen. Dahinter ragt zweigeteilt der Weinberg auf. Auf der linken Seite plündern Kleriker alten Schlages den Weingarten und zerstören den Zaun, wohl um das Holz anderweitig zu nutzen, vielleicht zum Heizen. Auf der anderen Seite erkennt man Paul Eber im Kreis der Reformatoren; unter ihnen ist auch Martin Luther. Sie pflegen die Reben und den Zaun, um den Garten oder das Land auch in Zukunft nutzen zu können. Auf dem Bild sind zwei Wege dargestellt, wie man mit Land umgehen kann. Entweder man lässt es verwildern oder zerstört es sogar, oder man pflegt es. Das hat nicht nur mit religiösen Fragen zu tun. Setzt man sich für die Stabilität des Landes ein, kann man in jedem Jahr Pflanzen heranwachsen lassen, bewahrt man den hölzernen Zaun, muss man ihn nicht immer wieder neu bauen und dafür Holz verschwenden. Eine kurzsichtige Übernutzung der Früchte, ein kurzfristiges Streben nach Genuss oder Gewinn und ein unsinniges Zerstören des Zauns, der mit Holz, einer knappen Ressource, gebaut worden war, setzen dagegen

Abb. 15: Lucas Cranach d. J., Die Arbeiter im Weinberg des Herrn. Epitaph für Paul Eber und seine Familie. Öl/Tempera auf Holz, 1573/74.

die Zukunft aufs Spiel. Auch wenn das Chaos der Not herrschte, was sicher am Ende des Mittelalters der Fall war, musste man eine langfristige Perspektive für sein Handeln im Auge behalten. Wollte der Maler auf ein solches Ziel verweisen, das man später als Nachhaltigkeit der Landnutzung anstrebte?

Insofern setzte mit der Reformation auch eine Reform vieler Bereiche des Lebens ein, die in Verbindung mit einem neuen Landnutzungssystem standen, dem Landnutzungssystem der Reformen. Ohne seine Einführung, die Jahrhunderte in Anspruch nahm, wäre eine weitere Entwicklung der Menschheit in weiten Teilen Europas kaum möglich gewesen. Auch und gerade die Behandlung von Wald änderte sich erheblich.

Das Problem der Übernutzung des Landes war seit langem bekannt. Schon im 13. und 14. Jahrhundert versuchte man, die

Bewirtschaftung einzelner Wälder zu regulieren, vor allem in der Nähe der Städte, im Frankfurter und im Erfurter Stadtwald sowie in der Eilenriede am Rand von Hannover. Dieser Stadtwald gilt als ältester der Welt. Von den Städten aus wurde der Wald genutzt, aber man versuchte auch, ihn zu schützen. 1368 brachte der Unternehmer Peter Stromer Kiefernsaat im Nürnberger Reichswald aus; mutmaßlich war er damit der Erste, der einen Wald aufforstete. Wenig später begann man nach diesem Vorbild in Frankfurt mit dem «Tannensäen». Solche frühen Schutzmaßnahmen für Wälder blieben aber wohl Einzelfälle.

Immer wieder wurden die Menschen aufgefordert, Bäume zu pflanzen. Mehrere junge Bäumchen sollten für jeden gefällten Baum in die Erde gesetzt werden. Oder man sollte anlässlich seiner Hochzeit Bäume stiften. Oft hob man nur ein einziges Pflanzloch aus und setzte mehrere «Heister» hinein. Wenn dann alle Jungpflanzen in die Höhe kamen, bildeten sie sogenannte Bruderbäume; ihr Holz wuchs zu einem besonders dicken «Stamm» zusammen, an dessen Ausbuchtungen dennoch zu erkennen ist, dass es sich eigentlich um mehrere Bäume handelte, die sich an einem solchen Ort gewissermaßen zu einem Stamm vereinigt hatten.

Allgemein wichtiger wurde das Anliegen des Schutzes von Wäldern in der Reformationszeit. In der «Forst- und Holtz-Ordnung Churfürstens Augusti zu Sachsen» von 1560, die als eine der ältesten ihrer Art gilt, wird das damals zentrale Problem der sich widersprechenden zahlreichen Nutzungsansprüche gegenüber dem Wald gleich eingangs zum Ausdruck gebracht: «daß Unsere Wälde und Gehöltze in wenig Jahren (...) in solch Abnehmen kommen würden, da wir aus allerleyen erheblichen Ursachen, auch aus Mangelung des Holtzes Unsern Unterthanen noch bey Bergwercken, woferne anders unsere Wild-Bahne erhalten, und die Nachkommen sich Bau- und Brenn-Holtz zu getrösten haben (d.h., sie vertrauen darauf), und denselben an Holtz nicht Mangel vorstehen sollte, nicht allem eine geringe Anzahl Holtz laßen, sondern wohl die Nothdurfft erfordert unsere Wälder und Gehöltze, eines theils zu versperren und zuzuschließen. Damit aber gleichwohl Unsere Unterthanen, an ihrer Nahrung des Meltzens, Brauens, Backens, auch die Handwercker und andere, insonderheit unsere Bergwercke nicht gehindert, sondern soviel wie möglichen dazu und daran gefördert, (...) so haben wir folgende Holtz-Ordnung stellen lassen (...).»

Wie wirkungsvoll derartige Regelungen, von denen in der Folgezeit viele erlassen wurden, tatsächlich waren, lässt sich schwer sagen. Interessant ist aber, dass man damit die Behandlung des Waldes insbesondere in Bergbauregionen regeln wollte, vor allem rings um Erzgebirge und Harz, die zu den wichtigsten Erzbergbaugebieten der damaligen Zeit gehörten. Diese Gegenden waren auch Kernländer der Reformation, so dass ein Zusammenhang zwischen der Erneuerung des Glaubens, der Reform des Umgangs mit Land und dem Aufkommen eines Nachhaltigkeitsgedankens nicht von der Hand zu weisen ist.

Andernorts befasste man sich vor allem damit, Holz zu sparen. Dies gelang etwa, wenn man einen Kachelofen baute, denn von ihm strahlt mehr Wärme ab als von einem offenen Feuer. Zugleich konnte man durch den Bau eines geschlossenen Ofens die Brandgefahr eindämmen und damit verhindern, dass immer wieder Stadtwälder abgeholzt werden mussten, um den Bürgern den Neuaufbau ihrer Häuser zu ermöglichen. Setzte nämlich Funkenflug ein Haus in Brand, brannte bald ein ganzes Stadtviertel. Aus Holz gebaute und mit Stroh gedeckte Gebäude ließen sich nicht löschen, und das Feuer breitete sich in Windeseile aus. Besonders bekannt wurde der Delfter Kachelofen; seine Ofenkacheln, die man eigentlich als Fliesen bezeichnen muss, wurden mit Holz gebrannt, aber mit ihnen ließ sich viel Feuerholz sparen. Das war vor allem in den Küstenregionen, nicht nur in den Niederlanden, wichtig, wo die neuen Öfen seit dem 17. Jahrhundert populär wurden.

Ebenfalls an der Nordseeküste nahm sich ein Dichter eines Waldes an: Barthold Heinrich Brockes war von 1735 bis 1740 Hamburgischer Amtmann in Ritzebüttel, dem späteren Cuxhaven. Dort ließ er Wege in einem Waldstück anlegen, das direkt an der Küste lag. Es war Ziel seiner Spaziergänge, und man kann sich vorstellen, dass so manches Gedicht aus seiner berühmten Sammlung «Irdisches Vergnügen in Gott» auf seinen Wegen durch den Wald entstanden ist. Ihm zu Ehren heißt das Gehölz heute Brockeswald.

Man legte erste Waldinventare an, darunter 1680 einen Atlas des Kommunionharzes, also des von den Braunschweiger und Hannoveraner Herrschern bewirtschafteten Gebietes, in dem die Holzbewirtschaftung eine Voraussetzung dafür war, dass die reichen Erzvorkommen des Gebirges weiterhin verarbeitet werden konnten. Dort hatte man schon in der Mitte des 17. Jahrhunderts das Wort «nachhalten» in Bezug auf die Bewirtschaftung von Wald verwendet. Mit dem Atlas hatte man sich ein genaues Bild davon gemacht, welche Waldflächen im Harz vorhanden waren.

Alle Reformwünsche konnten aber nur dann zu einem Ziel führen, wenn das gesamte Landnutzungssystem geändert wurde. Im Hinblick auf den Wald entfaltete die «Sylvicultura oeconomica» von Hans Carl von Carlowitz (1645–1714) besonders weitreichende Wirkung. Carlowitz wird immer wieder als ältester Förster bezeichnet, was er nicht war; er war vielmehr sächsischer Oberberghauptmann, also ein hoher Staatsbeamter, und als solcher für den Betrieb der sächsischen Erzgruben zuständig. Für den Wald hatte er sich aber deswegen zu interessieren, weil aus ihm der Rohstoff kam, mit dem das Erz geschmolzen wurde. In seinem 1713 erschienenen Werk ist auf den Seiten 105 und 106 zu lesen, dass «die größte Kunst, Wissenschaft, Fleiß und Einrichtung hiesiger Lande darinnen beruhen (wird), wie eine sothane Conservation und Anbau des Holtzes anzustellen, daß es eine continuierliche beständige und nachhaltende Nutzung gebe, weiln es eine unentberliche Sache ist, ohne welche das Land in seinem Esse nicht bleiben mag». Das Wort «Esse» ist aus dem Lateinischen übernommen und bedeutet wörtlich «sein». Es geht also um das dauerhafte Bestehen des Landes. Deswegen gilt Carlowitz als der «Erfinder» des Ziels der Nachhaltigkeit bzw. der nachhaltenden oder nachhaltigen Nutzung von Wald, obwohl das nicht ganz richtig ist: Schon in früheren Schriften war von anderen die Forderung der nachhaltigen Bewirtschaftung von Wald gestellt worden.

Dabei ging es darum, den in einem Waldstück vorhandenen Holzvorrat gleich groß zu halten. Das kann bedeuten: Wenn einhundert Bäume darin stehen, von denen jeder einhundert Jahre braucht, um sein Wachstumsziel zu erreichen, darf man pro Jahr genau einen Stamm entnehmen, um die Holzmenge stabil zu halten. In Wahrheit sind die Verhältnisse komplizierter: Ein gut ausgebildeter Förster muss die Holzvorräte taxieren und über eine Forsteinrichtung festlegen, wie das Waldstück in den kommenden Jahren bewirtschaftet werden soll, damit die Forderung der Nachhaltigkeit erfüllt ist. Dabei ging es ursprünglich nicht um den Wald an sich und auch nicht um eine frühe Form von Naturschutz, sondern um eine Fortsetzung der Bewirtschaftung von Wäldern, in denen genügend Holz für die Erzverhüttung bereitzustellen war, und zwar nicht nur für den augenblicklichen, sondern den dauerhaften Betrieb der Hüttenwerke.

Dieses Ziel konnte nur dann erfüllt werden, wenn es erstens gut ausgebildete Förster gab und wenn zweitens die zahlreichen Nebennutzungen des Waldes aufhörten, die mit Holzproduktion nichts zu tun hatten. In der zweiten Hälfte des 18. Jahrhunderts entstanden die ersten forstlichen Ausbildungsstätten, in Wernigerode im Harz 1763, 1770 in Berlin, 1772 auf der Solitude bei Stuttgart, 1780 in Göttingen und 1785 in Zillbach in Thüringen. Der wichtige Forstwissenschaftler und -lehrer Heinrich Cotta verlegte seine dortige Schule später nach Tharandt bei Dresden, am Rand des Erzgebirges gelegen. In diesen Schulen wurden einerseits theoretische, andererseits angewandte Fächer unterrichtet, und es entwickelten sich neue Formen von Lehr- und Forschungsdisziplinen, die Forstbotanik und -zoologie, darunter auch die Forstentomologie, in der man sich mit wichtigen Insekten des Waldes beschäftigte, sowie Forstliche Betriebswirtschaft, Forstrecht und Forstgeschichte.

Förster wurden zu wichtigen Beamten des Staates, sie hatten ihren Dienstsitz im Forsthaus oder in der Försterei, sie schufen ein Wegenetz in den Wäldern, zogen junge Bäumchen in der Baumschule heran, pflanzten sie an geeignete Stellen, lichteten den Wald aus, wo das nötig war, sie «ernteten» den Wald und verkauften das Holz. Zu ihrem Forstbesitz gehörten auch Lichtungen und Waldwiesen, die seitdem in die Statistik zur Ausdehnung von Wald eingehen.

Die Arbeit der Förster war nur dann erfolgreich, wenn örtlichen Bauern, die keinen Einblick in die Forsteinrichtung des Försters haben konnten, verboten war, ebenfalls im Wald ihr Holz zu holen. Vor allem durfte dort kein Vieh mehr weiden und das Aufwachsen junger Gehölzpflanzen verhindern. Also musste man Wald und Weideland voneinander trennen, und das bedeutete die Schaffung neuer Viehweiden. Sie wurden gemeinsam mit dem Ackerland neu gestaltet. Kleine Ackerstreifen, die im Mittelalter angelegt worden waren, legte man zusammen. Das nannte man Verkoppelung. Um die Koppel zog man eine Hecke oder in einigen Gegenden auch eine Wallhecke. Begrenzte man die Koppel mit Büschen, also einem lebenden Zaun, musste man kein Holz aus dem Wald zum Zaunbau verwenden, und die Landbevölkerung konnte an den Hecken Holz zum Heizen schlagen. Es gab Ackerkoppeln und Viehkoppeln, meistens hatten sie eine ungefähr quadratische Form, und die Wege wurden um sie herumgeführt. Wenn man sie mit Hecken oder auch mit Baumreihen einfasste, also Alleen schuf, verhinderte man, dass die Fuhrleute mit ihren Gespannen seitlich vom Weg abwichen und dabei Ackerland zerstörten. Die Festlegung der Straßen und Wege auf einen bestimmten schmalen Raum führte dazu, dass die Ackernutzung erheblich ausgeweitet werden konnte, denn man musste nicht mehr befürchten, dass große Teile des Landes von den Fuhrwerken zerstört wurden. Weil man gleichzeitig die Brache als Phase der Dreifelderwirtschaft abschaffte, hatte man viel mehr Ackerland zur Verfügung und konnte tatsächlich Land zur Viehhaltung freisetzen.

Weiteres privates Bauernland entstand durch die sogenannten Gemeinheitsteilungen, bei der die Allmenden unter den Bauern der Dörfer aufgeteilt wurden. Dort entstanden weitere Feld- und Weidefluren, die wie Koppeln aussahen. Einige Flächen konnte man auch aufforsten; viele Bauern nutzten die so geschaffenen Wälder fortan als Bauernwälder, in denen sie festlegten, welche Holzmengen sie einschlagen wollten. Bei der Neuaufteilung des

Landes wurde darauf geachtet, dass das Ackerland möglichst auf den besten und tiefgründigsten Böden lag, das Weideland in feuchteren Gegenden, und der geschlossene Wald sollte auf den Höhen von Hügeln und Bergen zu liegen kommen. Diese Tendenz der Gestaltung von Land hatte zwar schon vorher bestanden, sie wurde nun aber strikter durchgeführt. Die Wälder standen auf den eher unfruchtbaren Flächen. Oft wurde aufgeforstet. Vielerorts finden sich heute noch die Spuren mittelalterlicher Äcker im Wald, nämlich dort, wo man den Ackerbau auf steinigen, unfruchtbaren Böden aufgab und es vorzog, Bäume zu säen oder zu pflanzen.

Das Land bekam ein völlig neuartiges Aussehen, wobei man darauf achtete, durch die Gestaltung auch etwas Schönes zu schaffen. Denn es sollte das «Angenehme mit dem Nützlichen» verbunden werden – ein Motto, das man aus der «Ars poetica» des römischen Dichters Horaz ableitete. Quer durch das Land legte man Alleen an, es gab auch Hecken an den Seiten der Wege, und man befestigte sie, wodurch die Transportbedingungen für Menschen und Güter erheblich verbessert wurden. Auf den großen Koppeln konnte man auf effizientere Weise Ackerbau betreiben und die Erträge steigern. Ebenso ließ sich die Tierhaltung durch Koppelwirtschaft intensivieren. Weil die Weiden eingefriedet waren, brauchte man keine Hirten mehr; deren Arbeitskraft konnte anderweitig zur Verfügung stehen, und jüngere Hirten konnten die Schule besuchen. Der Wald bekam einen scharfen Rand. Durch Bemühungen der seit dem 19. Jahrhundert eigens gelehrten Forstästhetik pflanzte man vor allem schöne Bäume und Büsche an den Waldrand, etwa Obstbäume oder auch Eichen, die eine angenehme Kulisse vor aufgeforsteten Fichten- oder Kiefernbeständen bildeten. Die Bauernbefreiung, die sich über einen langen Zeitraum hinziehende Ablösung der persönlichen Verpflichtungen der Bauern gegenüber ihren Grund- und Leibherren, führte dazu, dass ein Teil von ihnen Kapital ansammeln konnte und neue Betriebsgebäude errichtete, um die gestiegenen Erntemengen zeitweise unterzubringen. Die Landreform fand allgemein viel Zuspruch. Allerdings verarmte ein Teil der Bevölkerung auch, wanderte in die

Städte oder schließlich in ferne Länder aus, etwa nach Nordamerika.

Die Landreformen, deren Anfänge großenteils aufs 18. Jahrhundert zurückgehen, wurden oft erst im 19. Jahrhundert durchgeführt. Denn die einzelnen Elemente der Landreform, zu denen Aufforstungen und die damit verbundene Vergrößerung der Holzvorräte gehörten, wurden eigentlich erst durch die Auswirkungen der zeitlich parallel ablaufenden Prozesse der Industrialisierung möglich gemacht. 1769 erhielt James Watt das Patent für die von ihm gebaute Dampfmaschine. Man befürchtete, der Bau zahlreicher solcher Maschinen könnte verheerende Auswirkungen auf die Wälder haben, weil man nun noch mehr Holz bräuchte, um sie anzutreiben. Doch das Gegenteil trat ein. Mit der Dampfmaschine erreichte man tief im Boden liegende fossile Kohle, im Tagebau mit Baggern und im Untertagebau durch Aufzüge. Zwar benötigte man Grubenholz, aber man ersetzte riesige Mengen an Holz durch die Verwendung von Kohle. Stollen in großer Tiefe ließen sich mithilfe dampfgetriebener Lüftungsanlagen bewettern, das heißt mit Sauerstoff versorgen. Wenige Jahrzehnte später wurden die ersten Eisenbahnen gebaut, deren Lokomotiven ebenfalls mit Dampfmaschinen angetrieben wurden. Zum Betrieb der Maschinen stand nun vor allem fossile Kohle zur Verfügung. Damit gab es eine Alternative zur exklusiven Verwendung von Holz zum Heizen und Erzschmelzen. Die Jahrtausende währende «Holzzeit» kam zu einem Ende, und man konnte weiträumig Wälder aufforsten. Dabei wählte man vor allem Fichten und Kiefern, Baumarten, die einerseits rasch wuchsen und gute Holzerträge versprachen, andererseits keine hohen Ansprüche an den Boden hatten. Sie gediehen auch auf mineralarmen Sandstein- oder Sandböden. So wurden aufgeforstete Nadelholzwälder zu einem besonderen Charakteristikum von Landschaften in Deutschland und einigen seiner Nachbarländer.

Die Form der nachhaltigen Waldbewirtschaftung in weiten Teilen Deutschlands war keineswegs alternativlos. In Frankreich hatte man das Problem des Holzmangels bereits im 17. Jahrhundert auf andere Weise gelöst, und zwar durch das Propagieren der Mittelwaldwirtschaft unter Jean-Baptiste Colbert. Er gilt als Begründer des Merkantilismus unter Ludwig XIV., bei dem es darum ging, stets wirtschaftliche Überschüsse zu erzielen. Das war auch möglich, wenn man die meisten Gehölze wie in einem Niederwald nur wenige Meter in die Höhe kommen ließ, um sie dann zum Heizen und für gewerbliche Zwecke zu schlagen. Nur einige Stämme, meistens Eichen, ließ man weiter wachsen, um sie später als Bauholz zu verwenden. Wälder in Frankreich hinterlassen daher einen ganz anderen Eindruck als in Deutschland, von wenigen Ausnahmen abgesehen. In einigen süddeutschen Fürstbistümern, in den Bistümern Bamberg, Würzburg und Mainz, übernahm man die Waldmethoden aus Frankreich. Die dort verbreiteten Mittelwälder trugen entscheidend zur Identität der von den Bistümern beherrschten Landstriche bei.

Eine ganz andere Form der Holzversorgung existierte in England. Dort gab es weder großräumige Aufforstungen noch Mittelwälder. Vielmehr importierte man das Holz aus anderen Weltgegenden. Darauf verweisen die Namen «Scots pine» für Kiefer und «Norway spruce» für Fichte. Große Mengen an Holz standen in den englischen Kolonien zur Verfügung. Mit der raschen Durchsetzung der Industrialisierung in England schwand dann auch die Abhängigkeit von Importen.

10. Ideen zum Wald

Als man im 18. und vor allem im 19. Jahrhundert in Deutschland und in benachbarten Ländern Wälder künstlich aufzubauen begann, begründete man dies unter anderem damit, dass Deutschland schon immer ein Land des Waldes gewesen sei. Dabei berief man sich auf die «Germania» des Römers Tacitus, die zu Ende des ersten Jahrhunderts nach Christus geschrieben worden war und die man für die älteste Geschichtsquelle über Germanien (oder Deutschland) hielt. Tacitus kannte solche Wälder, die sich in Germanien ausbreiteten, aus seiner mittelmeerischen

Heimat nicht. Dort war der Wald unter dem Einfluss der römischen Zivilisation weit zurückgedrängt worden. Man weiß nicht, wie viel Wald dort tatsächlich vernichtet worden war, weil man nicht abschätzen kann, was im Römischen Reich als Wald bezeichnet wurde, und genaue Statistiken nicht zur Verfügung stehen. Nördlich der Alpen fiel Besuchern aus dem Süden die riesige Ausdehnung der Baumbestände auf; Tacitus sprach von «schaurigen Wäldern». Dieser unterschiedlich übersetzte, aber im Wesentlichen Ähnliches zum Ausdruck bringende Begriff regte die Phantasie vieler Menschen an, schaffte aber keine Objektivität. Er wurde zur Grundlage einer Idee, mit der man verhindern wollte, dass die Zivilisation in Mitteleuropa zu einer ähnlichen Waldvernichtung führte, wie sie mutmaßlich in der Antike am Mittelmeer stattgefunden hatte. Man wollte die dichten Wälder Germaniens wieder aufbauen; davon ist auch bei Carlowitz die Rede.

Das Einzige, was sich mit Sicherheit von den Wäldern Germaniens sagen lässt, ist bisher noch kaum beachtet worden. Sie waren in ein anderes Landnutzungssystem als das im Imperium Romanum vorherrschende eingebettet. Die Römer besiedelten und bewirtschafteten ihr Land auf Dauer, so dass zwar Wälder zurückgedrängt wurden, aber keine neuen entstanden. Völkerschaften außerhalb ihres Reiches verlagerten dagegen ihre Siedlungen immer wieder und ließen Wald erneut in die Höhe kommen. Eine Infrastruktur in einem staatlichen Sinne konnte jenseits des Limes nicht aufgebaut werden, mithin auch keine Zivilisation; sie gab es nur im Imperium Romanum. Die Menschen beiderseits des Limes verstanden ihre Lebensweisen gegenseitig nicht: Was ist eine Zivilisation für jemanden, der nicht in ihr lebt? Und wie kann ein Mensch aus der Zivilisation heraus verstehen, wie jemand ohne sie existieren kann? So konnte man auch einen Grund dafür finden, warum die Römer das Land hinter dem Limes nicht unterwerfen konnten. Es muss nämlich tatsächlich schwierig gewesen sein, die Ausdehnung zivilisierten Gebietes ins Land der Germanen hinein zu vergrößern – allerdings nicht wegen der dort vorhandenen Wälder, sondern weil natürliche Verkehrswege fehlten, auf denen ein Transport von

West nach Ost möglich war. Im Süden Mitteleuropas und östlich davon war die Donau eine von Natur aus bestehende Verkehrsachse; weiter nördlich gab es keinen Fluss, auf dem man vom Rhein aus weit nach Osten vordringen konnte, und ausgedehnte Landwege in diese Richtung entstanden in römischer Zeit noch nicht. Die «schaurigen Wälder» mussten also dafür herhalten, den römischen Bürgern ein Gefühl und einen Grund dafür zu geben, warum die Römer militärisch im Land der Germanen kaum Fuß fassen konnten.

Bis heute befassen sich Wissenschaftler mit ähnlichen Spekulationen. Im bekannten Lehrbuch «Forstgeschichte» von Karl Hasel wird angenommen, «daß in vorrömischer Zeit zwei Drittel des deutschen Bodens von Wald bedeckt waren, in einzelnen Gegenden aber mehr als drei Viertel». Immerhin wird eingeräumt: «Beweiskräftige Zahlenangaben lassen sich nicht erbringen.» Die Frage ist nur, warum wird überhaupt abgeschätzt, wie groß die Wälder waren. Man kann dies doch gar nicht wissen.

Im Zeitalter der Reformen, also im 18. und 19. Jahrhundert, verband man nicht nur die Notwendigkeit der Neugestaltung von Land mit dem Angenehmen, mit der Verschönerung des Landes, sondern es entstanden auch zahlreiche Ideen zum Wald, denen zwar keine objektiven Wahrheiten zugrunde lagen, die aber oft noch größere Wirkungen hatten als «bloße Fakten». Die wirtschaftliche Notwendigkeit, auch in Zukunft Holz zur Erzverhüttung zu brauchen oder Floßholz bereitzustellen, womit viele Menschen in Mitteleuropa ihren Lebensunterhalt verdienten, reichte nicht aus, um der Öffentlichkeit klarzumachen, warum man Wälder brauchte. Das schafften die Dichter besser, die die Ideen vom «deutschen Wald» aufgriffen. Große Wirkung hatte die Ode «Der Hügel, und der Hain» von Friedrich Gottlieb Klopstock, gedichtet 1767, bald nach dem Siebenjährigen Krieg. «Ein Poet, ein Dichter, und ein Barde singen» da, der Poet entstammt der Antike, der Barde nordischer Vorzeit und der Dichter der Gegenwart. Der Barde kommt aus dem Wald. Der Dichter wünscht sich: «Und rufe mir einen der Barden / Meines Vaterlands herauf! / Einen Herminoon, Der unter den tausendjährigen / Eichen einst wandelte, / Unter deren alterndem Spross ich wandle.» Ein Herminoon ist einer der Gefolgsleute von Hermann, der die Römer in den Wäldern Germaniens einst besiegt haben soll, auf dem Winfeld im Teutoburger Wald. Der Poet pflichtet bei: «Ich beschwöre dich, o Norne, Vertilgerin, / Bey dem Haingesange, vor dem in Winfeld die Adler sanken! / Bey dem liedergeführten Brautlenzreihn: O sende mir herauf / Einen der Barden Teutoniens, einen Herminoon!» Der Dichter ruft aus: «Eichenlaub schattet auf seine glühende Stirn! / Er ist, ach er ist ein Barde meines Vaterlands!» Und gegen Ende der Ode stellt er fest: «Ich höre des heiligen Namens Schall! / Durch alle Saiten rauschet es herab: / Vaterland! Wessen Lob singet nach der Wiederhall? / Kommt Hermann dort in den Nächten des Hains?» Vaterland, Germanien, Winfeld, Eichenwald, Hain und Hermann der Cherusker wurden zueinander in Beziehung gesetzt, und das hatte große Wirkung auf Klopstocks Leserschaft. Einige Göttinger Studenten, die dazu zählten und zu Dichtern und Gelehrten wurden, darunter Johann Heinrich Voß und Ludwig Hölty, gründeten 1772 den Göttinger Hainbund. Der Name des Bundes wurde nach Klopstocks Ode gewählt. Der verehrte Dichter gehörte zwar nicht zum Bund der Göttinger Studenten, besuchte ihren Kreis aber 1774 und ließ sich von den jungen Dichtern feiern.

Eine weitere bis heute wirkungsmächtige Idee zur urzeitlichen Bedeutung von Bäumen leitet sich von einem mittelalterlichen Mythos ab, wonach der Missionar Bonifatius die dem nordischen Gott Thor geweihte Eiche fällte, als er das Christentum nach Mitteleuropa brachte. Fortan wurde die Eiche immer wieder besungen. Klopstock tat dies in seinem Drama «Hermanns Schlacht» aus dem Jahr 1769, in dem er sein Vaterland mit «der dicksten, schattigsten Eiche, im innersten Hain, der höchsten, ältesten, heiligsten Eiche» verglich.

Die Eiche war aber nicht nur Symbol für das deutsche Vaterland, sondern stand auch für die Freiheit. In Frankreich wurden zur Revolutionszeit Tausende von Eichen als Freiheitsbäume gepflanzt, allein 60 000 im Jahr 1792. Im Westen Deutschlands, der in den Jahren nach der Revolution am längsten von Fran-

Abb. 16: Caspar David Friedrich, Der Chasseur im Walde. Öl auf Leinwand, 1812

zosen besetzt war, wurden ebenfalls zahlreiche Eichen in den Boden gesetzt, um an die Französische Revolution zu erinnern.

In Deutschland hielt man daran fest, Zusammenhänge zwischen der Hermannsschlacht und den Eichen herzustellen, so Heinrich von Kleist in seinem Drama «Die Hermannsschlacht» aus dem Jahr 1808 und etwas später auch Joseph von Eichendorff 1810 und Friedrich de la Motte Fouqué. Damals war Mitteleuropa weithin von den Franzosen besetzt, und das rief mit besonderer Vehemenz den Wunsch nach Freiheit und nationaler Selbstbestimmung hervor. Dabei wurden stets assoziative Verbindungen zur fernen Vergangenheit und zum Wald gezogen. Nach dem lang herbeigesehnten Sieg über Napoleons Truppen stiftete König Friedrich Wilhelm III. von Preußen 1813 militärische Orden. Zu ihnen gehörte nicht nur das Eiserne Kreuz, sondern auch das «Eichenlaub», das gemeinsam mit dem Kreuz als besondere Auszeichnung verliehen wurde. Zu bemerkenswerten Anlässen pflanzte man Eichen: als Erinnerung an das Wartburgfest von 1817, das Hambacher Fest von 1832, die Revolution von 1848, die Reichsgründung 1871, danach 1913 zum Gedenken an die Freiheitskriege und das 25-jährige Regierungsjubiläum von Kaiser Wilhelm II.

Ganze Wälder an den Grenzen Deutschlands zu pflanzen, empfahl zu Anfang des 19. Jahrhunderts Friedrich Ludwig Jahn. Der Turnvater hasste die Franzosen; er meinte, Wälder oder auch Wildnisse mit darin ausgesetzten wilden Tieren böten den besten Schutz gegen den westlichen Nachbarn Deutschlands. Die Franzosen waren ja ebenso wie die Römer Romanen, und deswegen standen sie im Verdacht, nicht mit Wäldern umgehen zu können. Caspar David Friedrich machte dies zum Thema eines berühmten Gemäldes. «Der Chasseur im Walde» entstand unmittelbar nach der Völkerschlacht von Leipzig. Es zeigt einen geschlagenen französischen Soldaten, seinen Säbel hinter sich herziehend, der durch einen verschneiten Wald geht. Bei diesem Wald ist ein Detail besonders wichtig: Er besteht aus gleich alten Fichten, wie sie nur in einem künstlich angelegten Forst nebeneinander stehen können. Es handelt sich also um den dichten gepflanzten Wald, in dem sich die Franzosen angeblich verliefen. Tatsächlich wurden seit der ersten Hälfte des 19. Jahrhunderts vor allem in den westlichen Gebirgen Deutschlands Fichten gepflanzt, obwohl sie dort nicht zur natürlichen Vegetation gehörten. In der Eifel assoziierte man die Fichte mit Preußen, wozu das Mittelgebirge seit dem Wiener Kongress von 1815 gehörte, und nannte sie «Preußenbaum». Diese Bezeichnung ist noch heute bekannt. Und man sah auch Parallelen zwischen aufgeforsteten Wäldern und dem preußischen oder deutschen Militär. Darauf verweist Elias Canetti in seinem Werk «Masse und Macht»: «Das Massensymbol der Deutschen war das *Heer*. Aber das Heer war mehr als das Heer: es war der *marschierende Wald*. (...) Heer und Wald waren für den Deutschen, ohne daß er sich darüber im klaren war, auf jede Weise zusammengeflossen. Was anderen am Heere kahl und öde erscheinen mochte, hatte für den Deutschen das Leben und Leuchten des Waldes. Er fürchtete sich da nicht; er fühlte sich beschützt, einer von diesen allen. (...) Man soll die Wirkung dieser frühen Waldromantik auf den Deutschen nicht unterschätzen. In hundert Liedern und Gedichten nahm er sie auf, und der Wald, der in ihnen vorkam, hieß oft ‹deutsch›.»

Viele dieser Gedichte entstanden in der Zeit der Freiheitskriege, so auch im Jahr 1810 das berühmte Lied von Joseph von Eichendorff:

> Wer hat dich, du schöner Wald,
> Aufgebaut so hoch da droben?
> Wohl den Meister will ich loben,
> So lang noch mein Stimm erschallt.
> Lebe wohl, lebe wohl!
> Lebe wohl, lebe wohl,
> du schöner Wald!
>
> Banner, der so kühle wallt!
> Unter deinen grünen Wogen
> Hast du treu uns auferzogen,
> Frommer Sagen Aufenthalt!
> Lebe wohl, lebe wohl!
> Lebe wohl, lebe wohl,
> du schöner Wald!

Was wir still gelobt im Wald,
Wollens draußen ehrlich halten,
Ewig bleiben treu die Alten:
bis das letzte Lied verhallt,
Lebe wohl, schirm dich Gott!
Lebe wohl, schirm dich Gott
du deutscher Wald!

Für viele Menschen ist dieses Gedicht einfach nur schön, beispielsweise dann, wenn es in der 1841 entstandenen Vertonung von Felix Mendelssohn Bartholdy für Männerchor vorgetragen wird. Aber man kann darin auch die politische Aussage erkennen, das Nationalistische, das Patriotische. Der zu lobende Meister ist Gott – aber wird nicht mancher Sänger und Hörer hier eher an den Förster gedacht haben, der gewissermaßen gottgleich den Wald aufgebaut hat? Viele Menschen sahen das als göttliche Leistung, die Förster aber meinten sicher gelegentlich, es besser zu wissen. Schließlich ist noch wichtig, darauf zu verweisen, dass Eichendorff mit den Adjektiven «schön» und «deutsch» spielte: Zuerst ist vom schönen Wald, am Ende vom deutschen Wald die Rede.

Gegen Ende des Jahres 1812, mitten in den Freiheitskriegen, erschien der erste Band des Werkes, das angeblich in Deutschland nach der Bibel die größte Verbreitung gefunden hat: Grimms Märchen. Ohne den Wald und die darin lebenden Wesen ist diese Sammlung nicht denkbar. Bezeichnend ist der Beginn des Märchens «Der Eisenhans»: «Es war einmal ein König, der hatte einen großen Wald bei seinem Schloß, darin lief viel Wild aller Art herum. Zu einer Zeit schickte er einen Jäger hinaus, der sollte ein Reh schießen, aber er kam nicht wieder. ‹Vielleicht ist ihm ein Unglück zugestoßen›, sagte der König und schickte den folgenden Tag zwei andere Jäger hinaus, die sollten ihn aufsuchen, aber die blieben auch weg. Da ließ er am dritten Tag alle seine Jäger kommen und sprach: ‹Streift durch den ganzen Wald und laßt nicht ab, bis ihr sie alle drei gefunden habt.› Aber auch von diesen kam keiner wieder heim, und von der Meute Hunde, die sie mitgenommen hatten, ließ sich keiner wieder sehen. Von der Zeit an wollte sich niemand mehr in den Wald wagen, und er lag da in tiefer Stille und Einsamkeit, und man sah nur zuweilen einen Adler oder Habicht darüber hinfliegen. Das dauerte viele Jahre; da meldete sich ein fremder Jäger bei dem König, suchte eine Versorgung und erbot sich, in den gefährlichen Wald zu gehen.» Am Grund eines Sees wird ein verzauberter König gefunden, «ein wilder Mann, der braun am Leib war wie rostiges Eisen». Er wurde ins Schloss gebracht, in einen Käfig gesperrt. Der Sohn des Königs öffnete verbotenerweise den Käfig, und der wilde Mann nahm das Kind mit sich in den Wald. Der Junge durchlebte Jahre, in denen er mancherlei Proben bestehen musste, aber der Mann im Wald räumte ihm ein, immer dann, wenn er in Schwierigkeiten geriet, zum Wald zu kommen und an dessen Rand «Eisenhans» zu rufen; dann werde ihm alle Hilfe zuteil, die er bräuchte.

Dies tat der Junge denn auch, als er ein starkes Ross benötigte, um in den Krieg zu ziehen. Der wilde Mann sagte ihm das zu, «und es dauerte nicht lange, so kam ein Stallknecht aus dem Wald und führte ein Roß herbei, das schnaubte aus den Nüstern und war kaum zu bändigen. Und hinterher folgte eine große Schar Kriegsvolk, ganz in Eisen gerüstet, und ihre Schwerter blitzten in der Sonne.» Damit eilte der Junge dem in Kriegsnot geratenen König zu Hilfe und schlug das gegnerische Heer.

Was folgte, kann sich jeder denken, der Grimms Märchen kennt: Der Junge wurde König, bekam die Königstochter zur Frau, und auch der wilde Mann wurde erlöst; er trat als ein weiterer König hinzu und vermachte dem tapferen jungen Mann alle seine Schätze.

In diesem und vielen anderen Märchen kann man Motive finden, die man besonders in Deutschland mit dem Wald verband. Der König bestimmt über seinen Forst und erlaubt dort nur die Jagd. Einerseits ist es dort nicht ganz geheuer, aber andererseits ruhen Schätze und Kraft im Wald. So fassten Jacob und Wilhelm Grimm den Wald immer auf, auch als sie eine Zeitschrift mit deutschen Texten «Altdeutsche Wälder» nannten. Sie erschien übrigens in der gleichen Zeit, von 1813 bis 1816, dann wurde sie wieder eingestellt.

Im Wiener Kongress von 1815 wurde Europa neu geordnet. Viele Deutsche wünschten sich die Neubelebung eines deutschen Staates; ihr Wunsch wurde aber nicht erfüllt, und man debattierte noch lange darüber, ob eine «großdeutsche» Lösung unter österreichischer bzw. habsburgischer Führung anzustreben sei oder eine «kleindeutsche» unter preußischem Vorsitz. Letztere wurde schließlich 1871 realisiert, unter Ausschluss von Österreich. Bis dahin, so kann man sagen, befassten sich die Deutschen mit inneren Angelegenheiten, auch mit ihren Wäldern. Und es kam dort zu einer sehr großen kulturellen Blüte, wobei Wälder und Germanen wichtige Themen blieben.

Deutlich wird dies auch an unterschiedlichen Weihnachtsbräuchen. Während der englische «Father Christmas» mit dem Rentierschlitten vom «North Pole» (oder aus dem borealen Nadelwald) zu englischen Kindern kam, hatte der deutsche Weihnachtsmann nur einen kurzen Weg zurückzulegen. «Von drauß' vom Walde komm ich her; / Ich muss euch sagen, es weihnachtet sehr! / Allüberall auf den Tannenspitzen / Sah ich goldene Lichtlein blitzen», dichtete Theodor Storm 1862 in Heiligenstadt in Thüringen. Dort lebte er in der Zeit der Deutsch-Dänischen Kriege, denn die dänischen Herrscher hatten ihm seine Lizenz als Anwalt in Husum entzogen. Im thüringischen Eichsfeld sah er «Tannenspitzen»; Tannen haben aber keine Spitzen mit goldenen Lichtlein, die haben ausschließlich Fichten, mit denen auch dort (aber nicht in seiner Heimat Husum!) weithin Wälder aufgeforstet worden waren. Der geheimnisvolle Weihnachtsmann und Knecht Ruprecht kamen aus den heimischen Wäldern, nicht aber der weit gereiste Father Christmas.

Alle diese Vorstellungen entwickelten große Wirkung, und sie prägten und prägen das Handeln vieler Menschen viel stärker als die Tatsachen der natürlichen Entwicklung und der tatsächlichen Nutzung von Wald. Oft stehen sie den Realitäten entgegen, was man wissen sollte, wenn man realistische Entscheidungen zu Wäldern fällen will. Allerdings muss man dabei auf die Ideen und deren Traditionen Rücksicht nehmen; sonst bleibt der Erfolg von Entscheidungen aus.

Oder es kommt zu Missverständnissen, wenn Menschen unterschiedlicher kultureller Prägungen zusammenkommen. Das illustriert eine in meiner Familie erzählte Anekdote. Nach dem Zweiten Weltkrieg besuchte ein britischer Verbindungsoffizier meinen Großvater Kurt Saucke, der in Hamburg eine große Buchhandlung besaß. Der Offizier wusste, dass mein Großvater nach dem Ersten Weltkrieg lange in englischer Kriegsgefangenschaft gewesen war und sich dort eingehend mit der Kultur und Sprache des Landes befasst hatte. Nun wollte er von meinem Großvater wissen, welche Bücher die Deutschen nach dem Krieg lesen sollten, um sich auf kulturelle Werte zu besinnen. Für meinen Großvater stand sofort fest, was er empfehlen würde: Grimms Märchen. Doch darauf erwiderte der Engländer: «Oh no, that's too much wood.»

11. Schutz für den Wald

Natur ist immer dynamisch; daher verändert sich ein Wald unter natürlichen Bedingungen ständig. Die Bäume wachsen und sterben ab, der Wald breitet sich aus, neue Baumarten gewinnen an Boden und verschwinden wieder. Obwohl dies alles bekannt ist, wird Natur meistens so beschrieben, als wäre sie stabil. Dieser Eindruck entsteht selbst dann, wenn in einer Naturbeschreibung gar nicht ausdrücklich zu lesen ist, dass Natur unveränderlich sei. Aus keiner Naturbeschreibung kann abgeleitet werden, dass sie immer so aussehen muss, wie sie beschrieben wurde. Wie Natur in Zukunft aussehen sollte oder sogar zwingend müsste, lässt sich aus keiner Beschreibung ihrer Gegenwart oder Vergangenheit ableiten. Eine natürliche Entwicklung lässt sich nicht vorhersagen. Die Wissenschaft wird zwar immer wieder aufgefordert, Zukunftsprognosen zu erstellen, etwa zur Klimaentwicklung und auch zu natürlichen Veränderungen des Waldes. Zuverlässig aber kann keine dieser Aussagen sein.

Dennoch kann man anstreben, dass ein Wald Charakteristika behält, die ihn heute prägen. Das ist aber nicht durch ein Wirken der Natur, sondern nur mit menschlichem Einsatz, also durch Kultur, möglich, etwa durch die Umsetzung eines Konzeptes von Nachhaltigkeit. Kein Konzept der Nachhaltigkeit ist alternativlos; man muss sich entscheiden, welche Form von Nachhaltigkeit man anstrebt, etwa die eines stabilen Holzvorrates oder eines stabilen Inventars von Tieren und Pflanzenarten, von Biodiversität.

Von ihrer Ausbildung her sind Förster damit vertraut, dass sie beim Umgang mit Wald ökologische, ökonomische und soziokulturelle Ziele zu beachten haben. Sie müssen sich mit den natürlichen Grundlagen des Waldbaus auseinandersetzen, sie müssen wirtschaftliche Gesichtspunkte berücksichtigen, denn staatliche oder auch private Waldbesitzer leben vom Verkauf des Holzes. Und es gibt außerdem eine Wohlfahrtswirkung des Waldes: Beispielsweise gehen Menschen darin spazieren, erholen sich im Wald, und der Wald hat positive Effekte auf die Luftreinhaltung. Alle Tätigkeiten des Försters einschließlich der Kompromisse, die er zwischen den Nutzungszielen herstellen muss, sind Teil von Kultur.

Das Forstwesen in Deutschland, wo diese Gesichtspunkte weitgehend umgesetzt wurden, entwickelte sich sehr erfolgreich. Heute ist Deutschland ein waldreiches Land. Viele Menschen merken aber nicht, dass große Bereiche der Wälder nicht von Natur aus bestehen, sondern künstlich, durch kulturellen Eingriff, begründet wurden. Fichten und Kiefern ersetzten vielerorts die ursprünglichen Baumarten. Die neu entstandenen Wälder werden dennoch oft für Natur gehalten, weil Wald für viele Menschen Inbegriff von Natur ist. Aber ihre Zusammensetzung entspricht keinem Urwald, sondern sie sind von Menschen gemacht, genutzt und gepflegt. Natürliche Prozesse des Wachstums, der Nahrungskette und des Absterbens laufen dennoch in diesen Wäldern ab. Sie sind also sowohl von Natur als auch von Kultur geprägt.

Die ursprünglichen Tannen des Schwarzwalds waren tatsächlich Weißtannen. Sie wurden abgeholzt, beispielsweise in die Niederlande geflößt und später durch Fichten ersetzt, als man neue Wälder schuf. So war für viele Menschen die Natur wieder-

Abb. 17: Fichtenforst

hergestellt, obwohl das Gebirge heute dank des Baumartenwandels ganz anders aussieht als im Mittelalter. Schwarzwaldtannen sind heute Schwarzwaldfichten mit ganz anderen Eigenschaften als denjenigen der ursprünglichen Vegetation. Die Fichte hat inzwischen kulturgeschichtliche Bedeutung: Die Gewichte nun schon traditioneller Schwarzwalduhren sind Fichtenzapfen nachgebildet. Kaum ein Mensch nimmt wahr, dass die neu gepflanzten Wälder nicht natürlicherweise entstanden sind. Sie vermitteln lediglich eine Idee von Natur, sind dies ihrer Entstehung nach aber nicht.

Deutschlands Forstgesetze wurden in vielen Ländern der Welt übernommen, und viele Menschen treten heute für Nachhaltigkeit ein. 1987 veröffentlichte die unter der Leitung der norwegischen Ministerpräsidentin Gro Harlem Brundtland stehende sogenannte Brundtland-Kommission, die auch als Welt-Kommission für Umwelt und Entwicklung bezeichnet wird, eine für neu gehaltene Definition nachhaltiger Entwicklung: «Sustainable development meets the needs of the present without compromising the ability of future generations to meet their own needs. – Nachhaltig ist eine Entwicklung, die den Bedürfnissen der heutigen Generation entspricht, ohne die Möglichkeiten künftiger Generationen zu gefährden, ihre eigenen Bedürfnisse zu befriedigen und ihren Lebensstil zu wählen.» Neu ist daran nur die Verallgemeinerung, alles andere wurde schon Jahrhunderte zuvor von Carlowitz und anderen gefordert. Wer nämlich dafür sorgt, dass der Holzvorrat der Wälder stets gleich umfangreich bleibt, schränkt die Holzbedürfnisse der Zeitgenossen nicht ein und gefährdet auch nicht die Möglichkeiten künftiger Generationen, ihre eigenen Bedürfnisse zu befriedigen und ihren Lebensstil zu wählen.

Das Nachhaltigkeitskonzept ließ sich in der Zeit seit dem 18. Jahrhundert nicht ohne kulturelle Innovation durchsetzen. Es gelang, fossile Rohstoffe zu gewinnen und zu nutzen. Weil sie endlich sind, muss es in Zukunft darauf ankommen, die Nutzung von Holz als wichtigem nachwachsendem Rohstoff durch andere Formen der Energieumwandlung zu ergänzen: die unmittelbare Nutzung von Kräften der Sonne, des Windes und des Wassers. Nur so ist die Nachhaltigkeit der Energieversorgung zu gewährleisten – unter Wahrung der Nachhaltigkeit im Wald.

Nachhaltigkeit lässt sich auch als kulturell geprägtes Anstreben möglichst weitgehender Stabilität definieren, beispielsweise im Wald. Von Natur aus besteht weder Nachhaltigkeit noch Stabilität, und diese Ziele werden sich auch nie erreichen lassen. Ständig muss man sich darum bemühen, seine Ziele zu optimieren. Sie an einer natürlichen Stabilität auszurichten ist der falsche Weg. Solche Ziele sind aber verfolgt worden: Das Konzept der Klimaxvegetation geht davon aus, dass es bestimmte Formen von Vegetation gibt, die sich in Anpassung an das Klima an einem Standort ausbilden und dann stabil bleiben. Doch das Konzept ist falsch: Weder gibt es nur eine Form von Klimaxvegetation (in jeder Warmzeit des Eiszeitalters entstand eine unterschiedliche Vegetation), noch kann sie stabil sein, weil es auch in ihr stets zu Veränderungen kommen wird. Auch eine Potentielle Natürliche Vegetation (PNV), die sich laut Definition nach der Beendigung menschlicher Tätigkeit an einem bestimmten Ort stabil einstellen soll, lässt sich nicht ermitteln, und sie wird niemals stabil sein.

Mit diesen aus der wissenschaftlichen Forschung heraus entwickelten Konzepten legte man nahe, dass es nur eine einzige «richtige» Natur eines Waldes an einem Standort gibt, die größtmögliche Stabilität habe. Das faszinierte totalitäre Regime wie etwa die Nationalsozialisten, die an den Rand der von ihnen gebauten Autobahnen die Bäume der zuvor ermittelten Potentiellen Natürlichen Vegetation pflanzen ließen. Damit mag der Wunsch verbunden gewesen sein, «Natur» an einem Verkehrsbauwerk «wieder» zu etablieren, man kann darunter sogar einen «Kompromiss zwischen Ökologie und Ökonomie» verstehen. Aber es ist keineswegs eine Notwendigkeit gegeben, neben die Autobahn diese «einzige Natur» zu pflanzen; es wäre sogar wohl günstiger, manchmal andere Alleebäume zu wählen, weil mit ihnen die Verkehrssicherungspflicht, also die Abwehr von Gefahren, die von herabfallenden Ästen oder umstürzenden Bäumen ausgehen, besser erfüllt werden könnte.

Die Überwachung von Bäumen gehört zu den vielen Aufgaben eines Försters. Aus kulturellen Gründen kann man die Nutzung von Wäldern intensivieren, man kann aber auch Wälder zu Wildnissen machen. Verschiedene Interessenten am Wald kämpfen um Flächen, über die sie bestimmen möchten. Das kommt in Forderungen zum Ausdruck, einen Mindestprozentsatz an Wäldern zu Wildnissen zu entwickeln, oder dem Wunsch, nur noch die ökonomischen Ziele im Sinn zu behalten. Aber es kommt viel eher darauf an, dafür zu sorgen, dass in jedem Wald auf ökologische Zusammenhänge, ökonomische Effizienz und auf eine Wohlfahrtswirkung geachtet wird. Förster haben sich um diesen Kompromiss immer wieder bemüht. Ist nicht er es, der am dringendsten geschützt werden muss?

An solchen Fragen nimmt gerade in Deutschland die Öffentlichkeit einen regen Anteil. Immer noch scheint dort die besondere nationale Bedeutung des Waldes nachzuwirken, die er in früheren Jahrhunderten erlangt hatte. Als man in den 1980er Jahren bemerkte, dass Saurer Regen die Wälder gefährdete, schrillten die Alarmglocken. Säuren von Stickoxiden und Schwefel wurden bei der Verbrennung von fossilen Rohstoffen freigesetzt; sie ließen den Regen tatsächlich sauer werden, und die

Säure griff die Blätter von Bäumen an. In Deutschland war man sehr schnell bereit, Kraftfahrzeuge mit Katalysatoren auszurüsten, mit deren Hilfe der Ausstoß an Schadstoffen minimiert wurde, und in Heizungsanlagen und Kraftwerke baute man Filter ein. Dadurch wurde die Luft erheblich sauberer; aber man muss sich fragen, ob der Staat und die Bevölkerung die gleichen Anstrengungen unternommen hätten, wenn es «nur» um die Reinhaltung der Luft gegangen wäre und damit schließlich um die Gesundheit der Bevölkerung. Für das Wohlergehen des Waldes und seiner Bäume betrieb man den Aufwand aber ohne Murren und profitiert inzwischen davon auch in anderer Hinsicht.

In den letzten Jahrzehnten sammelte die Forschung zahlreiche Indizien dafür, dass es nicht allein die Abgase waren, die damals zum schlechten Zustand von Bäumen und Wäldern beitrugen. Bei der Aufforstung hatte man vor allem Monokulturen geschaffen, in denen sich sogenannte Schädlinge unter den Insekten besonders gut vermehren konnten. Wenn es in den Wäldern zahlreiche Fichten gibt, kann sich auch der Borkenkäfer optimal ausbreiten. Auf vielen aufgeforsteten Flächen waren die Fichten in der zweiten Hälfte des 20. Jahrhunderts zum ersten Mal groß geworden; vom Borkenkäfer werden vor allem dicke, alte Bäume befallen. Je höher die Fichten wurden, desto stärker wurden sie vom Wind bewegt. Dabei führte das immer stärker werdende Schwanken der Stämme zu einer zunehmenden Auf- und-Ab-Bewegung der flachen Wurzelteller. Biegt sich der Baum nach der einen Seite des Wurzelsystems, werden dort Kontakte zwischen Wurzeln, Mykorrhiza und Böden gelockert, und auf der anderen Seite wird der Untergrund vom Wurzelteller festgestampft. Wendet sich die Fichte nach der anderen Seite, passiert genau das Gegenteil. Der Kontakt zwischen dem Wurzelteller und den darunterliegenden Bodenschichten wird immer lockerer, schwächer. Die Bäume können schlechter aus dem Untergrund mit Mineralstoffen versorgt werden. Und bei Sturm nimmt die Windwurfgefahr immer weiter zu, bis die Bäume schließlich umkippen. Sie reißen dann oft benachbarte Bäume mit sich, so dass nicht nur eine einzelne Fichte kippt, sondern gleich eine

Abb. 18: Geschädigte Bäume am Rachel, Nationalpark Bayerischer Wald, mit Symptomen des Waldsterbens

ganze Schneise im Wald entsteht. Auch in Kiefernforsten besteht das Problem, dass das massenhafte Vorhandensein einer einzigen Baumart zur Massenvermehrung von Insekten führen kann, die an Kiefern fressen. Und in Kiefernwäldern kann es in besonders trockenen Witterungsphasen zu verheerenden Waldbränden kommen.

Unter Förstern ist der Wunsch längst bekannt und auch akzeptiert, einen Waldumbau zu betreiben und mehr Mischwälder aufzubauen. Aber das ist nicht so leicht zu erfüllen. Die Tätigkeit des Försters ist immer langfristig, und erst allmählich kann die eine Baumart durch eine andere ersetzt werden. Dabei ist zu bedenken, dass die vorhandene Baumart am Standort am meisten Saat produziert, die bei einer Naturverjüngung des Waldes am ehesten aufläuft. Es hilft also nicht viel, wenn man den Waldumbau allein der Natur überlässt; wo Fichten und Kiefern wachsen, wird auch die nächste Waldgeneration aus diesen Nadelholzarten bestehen, einfach deswegen, weil deren Samen reichlich vorhanden sind. Junge Fichten und Kiefern werden zudem wegen ihres Harzreichtums weniger stark vom Wild verbissen als andere Bäume, etwa Weißtannen oder Buchen. Sind die Bestände an Rehen hoch, ist es schwer, beispielsweise Tannen in die Höhe zu bekommen; junge Bäume muss man mit Manschetten oder Zäunen vor Wildverbiss schützen.

Man hat aber auch die Freiheit, Nationalparks zu gründen, in denen sich Wälder als Wildnisse entwickeln sollen, gewissermaßen als Urwälder, ohne menschlichen Eingriff. Sie wären die Gegenbilder zu genutzten Forsten. Man verknüpft mit ihnen die Hoffnung, dass sich dort Biodiversität ungehindert entwickeln könne. Das bedeutet allerdings auch, dass bestimmte Tier- und Pflanzenarten nicht mehr vom Menschen geschützt werden können, mit der Folge, dass sich die Biodiversität von nicht mehr bewirtschafteten Wäldern in Mitteleuropa stark verändern oder sogar abnehmen könnte. Man muss ja immer bedenken, dass alle Entwicklungen von mitteleuropäischen Wäldern nicht von einem Urzustand ausgehen, sondern von einer Phase, in der sie mehr oder weniger intensiv bewirtschaftet wurden. In dieser Zeit wurden in ihnen Strukturen geschaffen, die eigentlich auch eines Schutzes bedürfen: alte Wege, Konzepte von Wäldern, das Vorkommen bestimmter Pflanzen- und Tierarten, die sich in ihnen entwickelte, weil die Form der Nutzungen dies möglich machte.

Heute besteht in vielen Bereichen die Tendenz, an dem einen Ort Nutzung zu intensivieren, an den anderen sie aber aufzugeben. Ein Teil der Wälder wird sehr intensiv genutzt, ein anderer überhaupt nicht. Die Schaffung von Wildnissen könnte den Tourismus beleben, aber auch dazu führen, dass entlegene Orte verlassen werden – eine Tendenz, die gerade bei unbekannteren Wildnisgebieten bestehen könnte.

Gerade angesichts ihrer langen Geschichte wünscht man sich für alle Wälder eine gute Zukunft, in der immer wieder der Kompromiss der Interessen herbeigeführt wird. Da müssen ökologische Prozesse Berücksichtigung finden, der Boden muss von den Wurzeln optimal erschlossen werden können, die Bäume sollen bestmöglich in die Höhe kommen. Nicht zu wenige, aber auch nicht zu viele Tiere sollen im Wald leben. Es besteht der Wunsch, sich im Wald erholen zu können. Zugleich soll der Wald optimal genutzt werden können; beim Fällen der Bäume sind unnötige Schäden zu vermeiden. Nicht immer erfüllbar ist der Wunsch, auf größere Kahlschläge zu verzichten. Zwar ist der sogenannte Plenterwaldbetrieb, bei dem Einzelstämme entnommen werden, weit verbreitet und weithin auch vernünftig. Aber es gibt schützenswerte Waldbilder wie beispielsweise Niederwälder, die sich nur dann herausbilden und auch als solche bewahrt werden können, wenn zeitweise größere Lichtungen geschaffen werden, in denen Licht liebende Bäume wie beispielsweise Hainbuchen in die Höhe kommen. Unter dem Schatten von Buchen oder auch Eichen gelingt dies auch in einem Plenterwaldbetrieb vielerorts nicht.

In warmen und trockenen Jahren, die in letzter Zeit aufeinander folgten, kann sich der Charakter von Wäldern mit der Zeit ändern. Viele Menschen wünschen sich von der Wissenschaft, dass sie vorhersagt, wie Wälder auf zunehmende Wärme und Trockenheit reagieren werden. Doch mit wissenschaftlichen Methoden lassen sich lediglich aktuelle Ökosysteme und die Vorgänge beschreiben, die darin in der Vergangenheit abgelaufen sind. Aus der Analyse gegenwärtiger und vergangener Prozesse in Wäldern lassen sich allerdings wichtige Hinweise ableiten, wie man künftig mit Wäldern umgehen muss. Dazu nur ein paar Bemerkungen: Wenn sich keine Katastrophen ereignen, bleiben viele Wälder noch eine Weile stabil. Bei geringen Temperaturschwankungen verändern sie nicht sofort ihre Zusammensetzung. Geringe Temperaturschwankungen führten auch in der Vergangenheit nicht sofort zur Veränderung von Waldzusammensetzungen. Und heutige Wälder sehen unter unterschiedlichen Bedingungen ähnlich aus: Buchenwälder in südeuropäischen Gebirgen ähneln denjenigen an der Ostsee und im Westen Norwegens. Sie sind im Süden allerdings artenreicher. Es besteht die Befürchtung, dass Wetterkatastrophen stärker und häufiger werden. Generell sollten wir uns darauf besser einstellen, auch unter heutigen Bedingungen. Man sollte sich überlegen, Fichten, die aufgeforstet wurden und auf keinem festen Untergrund wachsen, früher zu schlagen, nämlich bevor sie im Sturm umfallen. Borkenkäfer und andere Insekten vermehren sich bei zunehmender Temperatur besser und schneller, und dies vor allem in alten, dicken Fichten. Diese Bäume müssen sofort nach dem Befall entfernt werden.

Die Forstämter benötigen personelle Unterstützung, um Wälder besser zu überwachen. In den letzten Jahren gab es häufiger Wald- und Buschbrände, die natürlich auf Trockenheit und Hitze zurückzuführen sind, aber auch darauf, dass trockenes Kleinholz auf Flächen nicht entfernt wurde, die wir nicht mehr oder zu wenig nutzen. Insgesamt brauchen Wälder mehr Beachtung und Pflege, um auch unter den Bedingungen eines sich wandelnden Klimas bestehen zu können. Sie haben bei steigenden Temperaturen eine noch größere Bedeutung als heute: Je ausgedehnter Wälder sind, desto besser kann das Waldbinnenklima Temperaturschwankungen abpuffern, und desto besser kann auch Wasser nach Starkregenfällen zwischen Wurzeln und Moosblättchen gespeichert werden, so dass es erst im Lauf der Zeit in die Fließgewässer gelangt.

Bäume im Wald sind beeindruckende Lebewesen, die aber mit Tieren oder gar Menschen nur wenig gemeinsam haben. Ihr Wesen, man kann auch sagen, ihre Seele, erschließt sich nicht durch Vermenschlichung. Eine Pflanze sucht sich ihre Nahrung nicht wie ein Tier. Sie hat kein Nervensystem, sondern sie ist auf das Mineralstoffangebot angewiesen, das an ihrem Standort zur Verfügung steht und das sie nutzen kann, um daraus – anders als ein Tier – organische Substanz selbst herzustellen. Da sie kein Nervensystem hat, empfindet sie auch keine Schmerzen. Viele Bäume wachsen nicht nur weiter, nachdem man ihre Äste abgeschnitten hatte; sie leben dann sogar länger und erreichen ein höheres Alter. Eine regelmäßig geschnittene Linde oder Esche, auch eine Hainbuche kann tatsächlich zu einem Symbol für ein ewiges Leben werden. Aber ein langes Leben hat ein solcher Baum nur dann, wenn er immer wieder geschnitten wird.

Der Wald muss geachtet werden, aber er ist nicht nur wild, sondern auch Teil einer vielfältigen Kultur und ein exzellenter nachwachsender Rohstoff. In ihm, aber auch in hölzernen Bauwerken und Gegenständen wird Kohlenstoff gespeichert. Nicht beim Schlagen eines Baumes als Werkstoff, sondern nur beim Abbau des Holzes wird Kohlenstoffdioxid freigesetzt.

Je unterschiedlicher die mit der Nutzung eines Waldes verbundenen Absichten sind, desto komplizierter ist es, den Kompromiss zu seiner Erhaltung herbeizuführen. Aber wir brauchen ihn dringender denn je, denn jeder Wald ist nur einmal da. In ihm läuft das Leben ab, es werden Rohstoffe produziert, und jeder freut sich, wenn er sich im Wald erholen kann. Kompromisse zu erzielen ist das Wesentliche bei der Nutzung eines Waldes. Das ist zwar kompliziert, aber notwendig – und ein Modell für unsere Demokratie, in der nicht nur eine einzige Meinung gilt, sondern eine Pluralität der Meinungen. In einem komplizierten Verfahren und unter Beratung durch Experten muss der beste erkennbare Weg in die Zukunft gefunden werden. Man sollte ihn gehen, aber in dem Bewusstsein, dass er jederzeit geändert werden kann, wenn sich ein noch besserer Weg findet. Denn man muss stets bedenken: Natur, Nutzungsstrategien und Ideen zum Wald können sich wandeln.

Literaturhinweise

1. Was ist ein Wald?

Die Walddefinition aus dem Deutschen Wörterbuch stammt aus: Bahder, Karl von, unter Mitwirkung von Hermann Sickel, Deutsches Wörterbuch von Jacob Grimm und Wilhelm Grimm, Dreizehnter Band. W-Wegzwitschern. Leipzig 1922, 1075. – Das Bundeswaldgesetz findet sich unter: Gesetz zur Erhaltung des Waldes und zur Förderung der Forstwirtschaft (Bundeswaldgesetz). https://www.gesetze-im-internet.de/bwaldg/BJNR010370975.html#BJNR010370975BJNG000100319; zuletzt abgerufen am 21.11.2018.

2. Der Baum

Weitere biologische Grundlagen finden sich unter anderem in: Jürgen Markl (Hrsg.), Purves Biologie. 9. Auflage, Heidelberg 2011. – Neil A. Campbell und Jane B. Reece, Biologie. 10. Auflage, Hallbergmoos 2015.

3. Vom Steinkohlewald zum Wald von heute

Besonders anschaulich zur Paläobotanik: Karl Mägdefrau, Paläobiologie der Pflanzen. Stuttgart 1968. – Zur Waldgeschichte in diesem und den folgenden Kapiteln: Hansjörg Küster, Geschichte des Waldes. 3. Auflage, München 2008.

4. Der Wald als Ökosystem

Heinz Ellenberg und Christoph Leuschner, Vegetation Mitteleuropas mit den Alpen in ökologischer Sicht. 6. Auflage, Stuttgart 2010.

5. Sukzessionen im Wald

Mit Sekundärsukzessionen befasste sich Anton Fischer: Untersuchungen zur Populationsdynamik am Beginn von Sekundärsukzessionen. Berlin, Stuttgart 1987. – Zur Entwicklung der Vegetation im Eiszeitalter siehe Gerhard Lang, Quartäre Vegetationsgeschichte Europas. Methoden und Ergebnisse. Jena, Stuttgart, New York 1994.

6. Wälder der Erde: eine Momentaufnahme

Die Einteilung der Wälder folgt folgenden Büchern: Heinrich Hofmeister, Lebensraum Wald. Ein Weg zum Kennenlernen von Pflanzengesellschaft und ihrer Ökologie. 3. Auflage, Hamburg, Berlin 1990. – Richard Pott und Joachim Hüppe, Spezielle Geobotanik. Pflanze – Klima – Boden. Berlin, Heidelberg, New York 2007. – Jörg S. Pfadenhauer und Frank A. Klötzli, Vegetation der Erde. Grundlagen, Ökologie, Verbreitung. Berlin, Heidelberg 2014.

9. Nachhaltigkeit im Wald

Anonym, Forst- und Holtz-Ordnung Churfürstens Augusti zu Sachsen, 1560. Abdruck in: Georg Victor Schmid (Hrsg.), Handbuch aller seit 1560 bis auf die neueste Zeit erschienenen Forst- und Jagdgesetze des Königreichs Sachsen. Meißen 1839, 3–51. – Hindrichson, Georg, Brockes und das Amt Ritzebüttel. 1735–1741. Cuxhaven 1897–1899, Reprint Cuxhaven 1982. – Bei der Wieden, Brage, und Thomas Böckmann, Atlas vom Kommunionharz in historischen Abrissen von 1680 und aktuellen Forstkarten. Hannover 2010. – Carlowitz, Hans Carl von, Sylvicultura oeconomica. Leipzig 1713.

10. Ideen zum Wald

Das Zitat von Elias Canetti stammt aus: Elias Canetti, Masse und Macht. Frankfurt am Main 1981, 190–191. – Das Zitat von Karl Hasel stammt aus: Karl Hasel, Forstgeschichte. Ein Grundriß für Studium und Praxis. Hamburg und Berlin 1985, 35. – Klopstock, Friedrich Gottlieb, Der Hügel und der Hain. In: Klopstock, Friedrich Gottlieb, Oden. Stuttgart 1966. – Der Eisenhans. In: Kinder- und Hausmärchen gesammelt durch die Brüder Grimm. München 1966, 635–643. – Tacitus, Germania. Lateinisch und Deutsch. Übersetzt, erläutert und mit einem Nachwort versehen von Manfred Fuhrmann. Stuttgart 1972. – Eichendorff, Joseph von, Wer hat dich, du schöner Wald? Fassung nach https://www.volksliederarchiv.de/wer-hat-dich-du-schoener-wald-aufgebaut/, zuletzt abgerufen am 24.11.2018. In anderen Quellen kommt die Zeile «Lebe wohl, du deutscher Wald» nicht vor; dort ist immer vom «schönen Wald» die Rede. – Storm, Theodor, Knecht Ruprecht. In: Sämtliche Werke in zwei Bänden. München 1967, 940.

11. Schutz für den Wald

Das Zitat aus dem Brundtland-Bericht stammt aus: https://www.nachhaltigkeit.info/artikel/brundtland_report_563.htm, zuletzt abgerufen am 6.10.2018.

Bildnachweis

Abb. 1: © mauritius images/imageBROKER/Frederik
Abb. 2: © akg-images
Abb. 3: mauritius images/imageBROKER/Erhard Nerger
Abb. 4: © Peter Palm, Berlin
Abb. 5: mauritius images/imageBROKER/Bob Gibbons/FLPA
Abb. 11: © picture-alliance/Hans Reinhard/OKAPIA
Abb. 12: © Gregor Jonas
Abb. 13: mauritius images/FLPA/Alamy
Abb. 15: © akg-images
Abb. 16: https://de.wikipedia.org/wiki/Datei:Caspar_David_Friedrich_068.jpg
Abb. 17: mauritius images/imageBROKER/Siepmann
Abb. 18: mauritius images/imageBROKER/Dr. Wilfried Bahnmüller

Alle übrigen Abbildungen stammen vom Autor.

Register